"十四五"时期国家重点出版物出版专项规划项目

农场动物福利关键控制点评价

顾宪红　包小平　编著

中国农业科学技术出版社

图书在版编目（CIP）数据

农场动物福利关键控制点评价 / 顾宪红，包小平编著 . -- 北京 : 中国农业科学技术出版社，2024.12.
ISBN 978-7-5116-7057-1

Ⅰ. S815-62

中国国家版本馆 CIP 数据核字第 2024C4D172 号

责任编辑	施睿佳
责任校对	王　彦
责任印制	姜义伟　王思文

出 版 者	中国农业科学技术出版社 北京市中关村南大街 12 号　　邮编：100081
电　　话	（010）82106631（编辑室）（010）82106624（发行部） （010）82109709（读者服务部）
网　　址	https://castp.caas.cn
经 销 者	各地新华书店
印 刷 者	北京建宏印刷有限公司
开　　本	170 mm × 240 mm　1/16
印　　张	15.75
字　　数	265 千字
版　　次	2024 年 12 月第 1 版　2024 年 12 月第 1 次印刷
定　　价	58.00 元

━━━ 版权所有·侵权必究 ━━━

前言

动物福利（animal welfare）已成为国际社会越来越关注的话题。动物福利的核心理念就是要从满足动物的基本生理、心理需要的角度科学合理地饲养动物和对待动物，保障动物的生理和心理健康，减少动物的痛苦，使动物和人类和谐共处。动物福利强调在利用动物的过程中对动物个体的保护，与动物伦理、动物需求、动物健康、动物应激有着密切的联系，但与动物权利又有着本质的区别。发展到现阶段，动物福利已成为一门由多学科渗透、交叉形成的综合性新兴学科，不但与畜牧学、兽医学、环境科学等自然科学有关，而且与伦理学、法学等社会科学也有密切联系。从动物福利的起源及发展来看，以英国为代表的动物产业发达国家基本完成了从单一的反对虐待动物到全面提高动物生存质量的变化历程。

在中国，动物福利的概念、改善动物福利的科学知识近年来也得到了比较广泛的传播。因为农场动物养殖数量巨大，且与食品安全、人类健康甚至生存环境息息相关，人们对农场动物福利的关注度越来越高。但是，正确理解动物福利并采用科学的方法评估动物福利的流程与实践还很欠缺，导致评价某种养殖模式、生产实践是否符合动物的需求或评价需求的满足程度时缺少科学依据和实用的标准化方法，进而无法持续有效地规范和改进农场动物生产过程，以实现高福利养殖，造福动物、人类和环境。

本书基于作者30多年从事农场动物福利研发的专业经历，首先较系统地介绍了农场动物福利基本概念、农场动物生物学习性、农场动物集约化生产中存在的主要福利问题及对策、农场动物福利评估指标；其次着重介绍了农场动物福利关键控制点及评估方法；最后附上了一些世界公认的农场动物福利标准，以期读者在正确理解动物福利的基础上，能够科学地评估养殖生产中农场动物福利现状，为促进农场动物福利标准化生产作出贡献。

本书内容科学实用，结构清晰，语言通俗，可供动物科学、动物医学等相关专业的师生以及农场动物养殖企业相关人员阅读，也适合对农场动物福利科学评估感兴趣者阅读。

由于作者水平有限，书中难免会有不当之处，欢迎广大读者批评指正。

顾宪红

2024 年 5 月

目 录

第一章 农场动物福利基本概念 ········· 1
  1.1 综合类 ········· 1
  1.2 动物福利评估 ········· 9
  1.3 动物行为 ········· 11
  1.4 动物健康及其管理 ········· 15
  1.5 农场动物饲养环节 ········· 18
    1.5.1 猪 ········· 24
    1.5.2 家禽 ········· 28
    1.5.3 牛、羊 ········· 31
  1.6 农场动物运输环节 ········· 36
  1.7 农场动物屠宰环节 ········· 37

第二章 农场动物生物学习性 ········· 39
  2.1 猪的生物学习性 ········· 39
    2.1.1 采食行为 ········· 40
    2.1.2 排泄行为 ········· 41
    2.1.3 群居行为 ········· 41
    2.1.4 争斗行为 ········· 42

2.1.5 性行为 ·· 42
　　2.1.6 母性行为 ··· 43
　　2.1.7 活动与睡眠行为 ··· 44
　　2.1.8 探究行为 ··· 45
　　2.1.9 异常行为 ··· 45
　　2.1.10 后效行为 ··· 45
2.2 鸡的生物学习性 ··· 46
　　2.2.1 日常行为 ··· 46
　　2.2.2 采食行为 ··· 47
　　2.2.3 母性行为 ··· 48
　　2.2.4 群体行为 ··· 49
　　2.2.5 争斗行为 ··· 50
　　2.2.6 性行为 ·· 50
　　2.2.7 排泄行为 ··· 51
　　2.2.8 换羽行为 ··· 51
　　2.2.9 异常行为 ··· 51
2.3 牛的生物学习性 ··· 52
　　2.3.1 采食与饮水行为 ··· 52
　　2.3.2 排泄行为 ··· 54
　　2.3.3 活动和睡眠行为 ··· 54
　　2.3.4 性行为 ·· 55
　　2.3.5 争斗行为 ··· 55
　　2.3.6 群体行为 ··· 56
　　2.3.7 探究行为 ··· 57
　　2.3.8 异常行为 ··· 57
2.4 羊的生物学习性 ··· 57
　　2.4.1 日常行为 ··· 58
　　2.4.2 争斗行为 ··· 58

2.4.3 性行为 ··· 59
2.4.4 母性行为 ··· 60
2.4.5 采食行为 ··· 60
2.4.6 群居行为 ··· 61
2.4.7 活动与睡眠行为 ··· 62
2.4.8 探究行为 ··· 62
2.4.9 异常行为 ··· 63
2.4.10 后效行为 ··· 63

第三章 农场动物集约化生产中存在的主要福利问题及对策 ········· 64
3.1 农场动物集约化生产中存在的主要福利问题 ·························· 65
3.1.1 猪 ·· 65
3.1.2 蛋鸡 ··· 66
3.1.3 肉鸡 ··· 72
3.1.4 奶牛 ··· 77
3.1.5 羊 ·· 79
3.2 农场动物福利问题改善对策 ·· 81
3.2.1 猪 ·· 81
3.2.2 蛋鸡 ··· 85
3.2.3 肉鸡 ··· 88
3.2.4 奶牛 ··· 89
3.2.5 羊 ·· 92

第四章 农场动物福利评估指标 ·· 95
4.1 水和饲料消耗量 ·· 96
4.2 行为 ··· 96
4.3 发病率 ·· 96
4.4 死亡率、淘汰率 ·· 97

4.5 受伤率 97
4.6 体重、体况和外观 98
4.7 繁殖效率 98
4.8 日常手术并发症 99
4.9 跛行 100
4.10 接触性皮炎 100
4.11 家禽羽毛状况 100
4.12 处置反应 101

第五章 农场动物福利关键控制点及评估方法 102

5.1 相关农场动物福利的基础背景信息总体评估关键控制点及评估方法 103
 5.1.1 养殖场布局评分关键控制点及要求 103
 5.1.2 养殖场养殖规模和标准化管理评分关键控制点及要求 104
 5.1.3 养殖场可持续发展评分关键控制点及要求 104
 5.1.4 养殖场优质高效生产评分关键控制点及要求 105
 5.1.5 评估方法 106
5.2 农场动物福利关键控制点具体评估项目及方法 107
 5.2.1 农场动物福利原则要求、关键控制点及其评估标准 107
 5.2.2 农场动物福利关键控制点评估测量数据收集项目 108
 5.2.3 农场动物福利关键控制点测量项目评估原则 110
 5.2.4 农场动物福利关键控制点测量项目评估方法案例 112
 5.2.5 农场动物福利评估得分计算及福利类别的划分 127

第六章 农场动物福利标准 131

6.1 WOAH《陆生动物卫生法典》——陆运动物福利 133
 第7.3章 陆运动物福利 133
6.2 WOAH《陆生动物卫生法典》——屠宰动物福利 154

　　　　第7.5章 屠宰动物福利·· 154
6.3 WOAH《陆生动物卫生法典》——动物福利与肉牛生产系统········ 178
　　　　第7.9章 动物福利与肉牛生产系统······································ 178
6.4 WOAH《陆生动物卫生法典》——动物福利与肉鸡生产系统········ 193
　　　　第7.10章 动物福利与肉鸡生产系统···································· 193
6.5 WOAH《陆生动物卫生法典》——动物福利与奶牛生产系统········ 203
　　　　第7.11章 动物福利与奶牛生产系统···································· 204
6.6 WOAH《陆生动物卫生法典》——动物福利与猪生产系统············ 223
　　　　第7.13章 动物福利与猪生产系统······································ 223

第一章 农场动物福利基本概念

由于本书针对农场动物,给出的动物福利概念主要涉及农场动物饲养、运输、屠宰环节以及综合类概念。

1.1 综合类

动物福利(animal welfare)

动物的生存和临死状态。动物福利是一个比较广泛的概念,包括动物生理上和精神上两方面的康乐。世界动物卫生组织的法语全称为 Office international des épizooties,缩写为 OIE[①];英语全称为 World Organization for Animal Health,缩写为 WOAH。在 WOAH《陆生动物卫生法典》[②]第 7.1 章明确指出,动物福利是指动物在其生存和死亡过程中的身体和精神状态。如果动物健康、舒适、营养良好、安全,没有恐惧和痛苦等不愉快的状态,并且能够表达对其身心状态重要的

---

① 世界动物卫生组织于 2022 年 5 月 31 日宣布,"世界动物卫生组织"的缩写将同其全称保持一致,由原来的"OIE"正式更新为"WOAH"。
② 本书引用的 WOAH《陆生动物卫生法典》为 2023 年第 31 版(www.woah.org)。

行为，那么动物则会体验到良好的福利。良好的动物福利需要疾病预防和适当的兽医护理、庇护、管理和营养、富有刺激性且安全的环境、人道的处置和人道的屠宰或扑杀。

动物活着本身就具有维持其生命、健康甚至舒适的需要，这种需要的满足度越高，动物福利水平就越高。因此，动物福利的实质即为满足动物的需要。广义上讲，动物福利是指让动物在舒适的环境中健康快乐地生存，亦即动物生存质量状况；狭义上讲，动物福利是指满足动物个体需要的生存条件。

通常，人们谈到的动物福利涉及各种用途或处于各种生境下的动物，主要包括农场动物、实验动物、伴侣动物、工作动物、娱乐动物和野生动物。虽然各种动物福利在原则上是一致的，但具体实践层面上却存在巨大的差异。

引申阅读：动物福利的发展始于17世纪的欧洲。动物福利最初产生于人类对动物生存状况的关切。随着生物科学的发展，人们逐渐认识到，动物是活的生命，具有感知痛苦的能力，因此不应恶意地虐待和残害动物。1635年，爱尔兰通过了欧洲第一个动物保护立案，随后北美洲马萨诸塞湾殖民地区也通过了保护家养动物的法律，规定人们不应残暴对待为了利用而饲养的动物。1822年，英国人道主义者Colonel Richard Martin（1754—1834）再次提出禁止虐待动物议案，均获得上议院和下议院通过，形成了世界上影响广泛和深远的反对虐待动物的法律《禁止虐待动物法令》，即"马丁法令"。它首次以法律条文的形式较全面地规定了动物的利益，被认为是动物福利保护史上的里程碑。因此，在近代，真正从动物利益出发引申出的动物福利概念始于禁止虐待动物，这也是对动物福利的低层次要求。

20世纪中期以来，尤其在西方国家，人与动物之间的关系发生了很大的改变。改变之一是，第二次世界大战以来，农业产业化和生物医学研究的快速发展，动物遭受的虐待和痛苦越来越多。为此，英国动物福利大学联盟（Universities Federation for Animal Welfare）于1954年发起资助了提高动物福利的一系列研究项目，任命学校的两位学者William Russell和Rex Burch研究提高实验动物福利的方法。5年后他们把研究结果出版成书，书名叫《人道实验技术原则》（The Principles of Humane Experimental Technique）。这本书详细地介绍了既减少实验动物的使用数量，又使实验获得的信息数量和精度不受影响，用无感知的材料替代有意识的高等动物活体，在必须使用动物进行实验时优化实验流程减少不人道操作对动物伤害的方法，这就是实验动物减少（reduction）、替代

（replacement）和优化（refinement）使用原则，即"3R"原则的首次提出。这本书很快得到该领域权威学者的认可，书中提到的方法目前已经被全球很多实验动物学者采用。因此，该书出版后，保障实验研究和教学过程中使用的动物福利均以"3R"原则为指导加以推进和实施，即实验动物福利的基本内涵就是尽可能减少动物实验，对必须使用的实验动物要为其创造适宜的生存条件，将实验过程中动物的痛苦减少到最低程度，力求确保实验动物的康乐（well-being）。

人与动物之间的关系发生改变之二是，20世纪50年代，养殖者为了满足不断增加的动物源食品需求，同时达到降低生产成本、增加生产量的目的，将外界环境下的动物转移到舍内饲养，并且饲养的数量也以惊人的速度不断增加。这种以快速周转、高饲养密度、高度机械化、低劳动力需求、高饲料转化效率为主要特点的集约化饲养模式在全球得到迅速发展，导致动物所占有的空间越来越小，其个体福利也越来越差。对英国工业化畜禽养殖进行广泛研究后，Ruth Harrison 在1964年出版了《动物机器：新型工业化养殖》（Animal Machines: The New Factory Farming Industry）。该书利用翔实的资料和大量的图片不但详细地描述了人类残酷虐待工厂化养殖动物及其承受的痛苦，也揭示了工厂化养殖产出的动物源产品中含有的激素、抗生素以及其他化学物质对消费者健康产生的潜在危害。作者最后指出，为了保护动物健康和人类健康，人们应完全废除集约化养殖模式，如禁止用限位栏限制动物的饲养方式。该书出版后立即引起了巨大的轰动，直接促进了农场动物的生存状况调研，1年后发布 The Brambell Report，首次提出农场动物应有5个方面的需求，后来逐渐演变，并扩展到人类饲养或受到人类行为影响的所有动物，形成目前国际公认的动物福利五项原则。

在这期间，也出现了一些很有影响的期刊和书籍。例如，1992年英国动物福利大学联盟创刊了期刊《动物福利》（Animal Welfare）（https://www.cambridge.org/core/journals/animal-welfare），主要发表驯养动物以及受到人类活动影响的野生动物福利方面的科技研究结果以及综述，涉及农场动物、动物园动物、野生动物、实验动物、伴侣动物等，内容广泛，每年固定出版4期，偶尔也以增刊的形式出版动物福利科学国际会议研究进展，至2023年1月已转成金色开放获取方式（Gold Open Access）出版至32卷。1997年，M. Appleby 和 B. Hughes 主编的图书《动物福利》（Animal Welfare）得以出版发行，对当时人们关注的众多动物福利问题进行了科学的回应，该书更多内容涉及农场动物，但阐述的基本原则同样适用于所有的动物，产生了广泛的影响，其第三版已于2018年问世。

2004年，OIE将动物福利定义和指导原则首次纳入《陆生动物卫生法典》，并不断增补和完善，至2023年已形成了世界广泛共识的18项陆生/水生动物福利基础性推荐规范，成为全球各国制订动物福利法规及其实践标准的基石和范本。

10多年来，我国在动物福利概念内涵挖掘、外延扩展及其推广应用方面取得了长足的进展，在动物福利概论通用教材的出版、高校动物福利课题的开设、动物福利国家科技项目的设立与实施、动物福利专业性机构的成立、动物福利标准的制修订与发布实施、动物福利养殖技术的推广与示范等方面投入的资源越来越多，已成为全球动物福利事业发展迅速、成效显著的国家之一，推动我国快步进入高质量合理利用动物的新时代。

至此，经过300多年的时间，现代动物福利的概念完成了从单一的反对虐待动物到全面地提高动物生存质量的变化历程。可以总结得出，动物福利的核心问题就是避免让动物遭受痛苦，如果无法完全避免，那么就应该将痛苦降至最低。良好的福利应该完全避免发生虐待动物的情况，能够满足动物对食物、饮水、庇护场所、空间大小、社会交流等的需要，同时还要给动物提供充分表达本能行为的必要条件，这是对动物福利的高层次要求。

动物康乐（animal well-being）

动物与环境和谐相处且身心健康、愉快的一种状态，包括无疾病、无损伤、无异常行为、无痛苦、无压抑等。动物康乐意味着良好的动物福利。

动物感知（animal perception）

动物通过视觉、听觉、嗅觉、触觉、痛觉等感知系统获取和处理各种外界刺激和信息，从而确保自身的生存和繁衍成功。

积极感受（positive experiences）

动物正面、愉快的情感体验，反映动物的心理健康。各种能够带给动物舒适、愉悦、兴趣、自信、归属感和掌控感的环境，都可被用于提高动物的积极感受。例如，在"可预测/可控"和"不可预测/新奇"的事情之间达到最佳动态平衡；能够满足动物对活动和锻炼的特定需求；环境温度适宜、动物能够放松休息和舒适排泄；动物能充分表达天性进行探索和觅食行为；饲料和食物多种多样，有诱人的气味、口味和质地；群居性动物处于可满足其社会行为需求的环境，比如与熟悉的同类进行亲近交流活动，以获得平静舒适感，具体包括照顾新生下一代行为、游戏行为、互信行为、亲吻行为和性行为。随着动物福利概念及其科学技术的发展，人们越来越重视动物的积极感受及其评估。

负面感受（negative experiences）

动物感受到的生存相关、情感相关的负面影响，包括威胁动物生存的负面感受、动物所处情境所引发情感的负面感受。这两类负面感受可以独立存在，也可同时发生。生存相关负面感受是由动物的生理感受所产生的不良体验，这些感受引发了动物内部生理和功能状态的失衡或紊乱，包括呼吸困难、饥渴、疼痛、恶心、头晕、衰弱、虚弱和疾病，威胁了动物的生存，由此引发动物为了保障生存的行为反应或与之相关的行为。例如，呼吸困难所带来的尝试呼吸行为、口渴带来的饮水行为、饥饿带来的进食觅食行为、疼痛带来的躲避行为，以及虚弱、患病带来的寻找安静角落休息的行为等。情感相关负面感受反映了动物对不良外界环境的感知、感受，包括沮丧、愤怒、无助、孤独、无聊、抑郁、焦虑、恐惧、惊慌和过度警觉。与急性的生理负面感受相比，当动物无法通过行为或生理反应来缓解负面感受时，所产生的情感负面感受有害影响可能更大。

动物挫折（animal frustration）

出现在动物个体挫折情绪之后的一系列生理、心理、行为上的应激反应。例如，鸡群的天性行为（筑巢、沙浴、梳羽等）无法正常表达，以及食物摄取不足等，都会导致鸡群陷入挫折，并因此出现产蛋性能下降、啄羽频率增加、攻击性增强等负面影响。

动物抑郁（animal depression）

以疲劳厌倦、意志消沉和焦虑不安为特征的心理需求得不到满足的一种精神类疾病。动物抑郁时常出现运动迟滞、身体疲劳、食欲紊乱、神志不清、意识模糊和睡眠障碍等心理福利问题。

动物痛苦（animal suffering）

动物的一种主观感受——不愉快感觉状态的程度。饥渴、愤怒、恐惧、焦躁、疼痛、损伤、疾病、挫折及疲劳等都是主要的痛苦源，动物的痛苦感受状态可通过生理学指标和行为变化等反映出来。

动物福利五项原则（animal welfare 5 freedoms）

由农场动物福利委员会（Farm Animal Welfare Council）正式发布，得到世界动物卫生组织认可并在《陆生动物卫生法典》《水生动物卫生法典》中采纳，传播非常普遍、世界各国广泛接受的动物福利五项原则分别是：①提供新鲜饮水和日粮，以确保动物的健康和活力，使它们免受饥渴；②提供适当的环境，包括庇护处和安逸的栖息场所，使动物免受不适；③做好疾病预防，并及时诊治患病动物，使它们免受疼痛、伤害和病痛；④提供足够的空间、适当的设施和同种伙伴，使动物自由地表达正常行为；⑤确保提供的条件和处置方式能避免动物的精神痛苦，使其免受恐惧和苦难。

引申阅读：受英国政府委托，1965年发布的 *The Bramwell Report* 提出，动物应该有"站立、躺下、转身、梳理自己和伸展四肢的自由"，成为目前世界公认的动物福利五项原则的基础，亦称"动物福利五大自由"。

动物伦理（animal ethics）

人与动物关系的伦理信念、道德态度和行为规范。动物伦理把人类的道德关怀扩展到动物，强调人类要善待动物、尊重动物以及合理地利用动物。只有在动物伦理这样的高度上，才能复原人与动物、动物与自然的和谐共处，才能促进生物世界的长久发展，远离公共卫生事件的侵袭，确保人和动物生存环境的安全。

动物权利（animal rights）

动物作为一种自然存在，享有获得人类从道义上给予尊重的权利。19世纪以来，围绕"动物权利"的实现，西方学术界出现了两种不同的流派：一种主张"动物权利论"，即将动物的地位提升至和人一样，动物按照自己的意愿去生活，人类应停止任何形式的屠杀、虐待和利用动物，包括猎杀、生产、实验、囚禁、观赏以及使用动物产品作为化妆品和服饰的原料；另一种主张"动物福利论"，支持人类对动物的合理利用，人类应当停止对动物的虐待，可通过改进生产工艺和改变人类对待动物的态度而减少动物的痛苦。"动物福利"是依据"动物福利论"实现"动物权利"的手段。

动物对人类的社会、经济、文化有着巨大影响，是人类文明的重要组成部分，人类对动物的利用无法停止。"动物福利论"既考虑了人的情感和利益，又考虑了动物本身的价值和感受。而"动物权利论"主张禁止人类对动物的利用，这与人类社会的现实相悖。

农场动物（farm animal）

用于食物（肉、蛋、奶）生产，毛、绒、皮加工或者其他目的，在农场环境或类似环境中培育和饲养的动物。

农场动物福利（farm animal welfare）

农场动物在饲养、运输、屠宰过程中得到良好的照顾，避免遭受不必要的惊吓、痛苦、伤害或疾病。

健康养殖（healthy farming）

根据饲养动物的生物学特性，运用生理学、营养学、生态学等理论指导养殖生产的一系列技术和方法，保护动物健康，生产安全优质畜产品的一种养殖方式。

动物福利贸易壁垒（animal welfare barriers）

某国将本国的动物福利标准应用到国际贸易中，对出口国的畜禽及其产品提出种种要求，当出口国达不到此类要求时，就会阻碍出口国的畜禽及其产品进入该国，从而形成了国际贸易中的一道壁垒。

动物福利产品（animal welfare products）

动物养殖、运输及屠宰全过程符合动物福利系列标准要求生产的动物产品。

富集（enrichment）

为满足农场动物生理、心理需求，丰富其生活内容，展示其自然行为，增强其快乐体验，而采取的各种措施。

环境富集（environmental enrichment）

在单调的饲养环境中，提供必要的材料和玩具，增加动物环境的复杂性，供动物探究玩耍，满足动物表达其生物学习性和心理活动，从而改善动物的身体和精神状态。

环境贫瘠（barren environment）

动物生活的环境由于缺乏某些基本的物质条件或被剥夺表现某项行为的自由，无法满足动物的感官和行为刺激。生活在贫瘠环境中的动物，比较消沉，没有活力，在认知测试中的表现更差。

应激反应（stress reaction）

外界各种因子刺激引起动物机体的非特异性反应，先由中枢神经系统识别刺激，然后组织机体发起一系列的生物学反应，包括行为反应、植物性神经系统反应、神经内分泌系统反应及免疫系统反应。

热应激（heat stress）

处于高温环境的动物机体对热环境产生的非特异性生理反应，如体温升高、食欲不振、心率加速、呼吸加快，严重时动物脱水、休克甚至死亡。

冷应激（cold stress）

暴露于寒冷环境的动物产生的全身性生理反应，通常包括急性冷应激（冷暴露时间从几十分钟到1天不等）和慢性冷应激（冷暴露时间从1天到几周不等）。

1.2 动物福利评估

咨询员、咨询师（advisor）

使用动物福利科学知识、实践技术及其相关信息来建议动物单元管理者如何改善福利的人员。

动物操作员、动物管理员、动物处理员、动物捕捉员（animal handler）

了解动物行为和需求、具有相关经验、对动物需求能做出专业且积极反应、有能力实现有效管理和良好福利的人员。其能力应通过正规培训或实践经验获得。

动物单元（animal unit）

农场、运输单位或屠宰场处理某种动物的单元。例如，动物单元可以是饲养所有成年动物的农场，也可以是处理和屠宰所有动物的屠宰场。

动物单元管理者（animal unit manager）

动物单元的负责人，包括农场管理者、运输车辆司机、屠宰场管理者或者负责照看动物的人员。

基于动物的测量（animal-based measure）

直接对动物进行的测量，包括行为和临床观察等。

评估方案（assessment protocol）

对福利总体评估程序和要求的描述。

评估员（assessor）

负责使用动物福利评估方案在动物单元收集数据以评估动物福利的人员。

基于管理的测量（management-based measure）

针对动物单元管理者对动物单元所做的工作以及所采用的管理程序的测量。

例如，用于保护动物免受疾病疼痛或痛苦的程序、在外科手术中使用麻醉剂等。

总体福利评估（overall assessment of welfare）

应用综合的福利信息，给出动物单元动物福利水平的类别，反映该动物单元的整体动物福利状态。

基于资源的测量（resource-based measure）

对动物饲养环境的测量。例如，测量可利用的饮水器数量。

福利类别（welfare category）

给予一个动物单元的最终类别，反映该特定单元内动物的总体福利状态。福利类别可以分成不同的类别等级。例如，福利类别可以有二类别等级（动物福利不合格、动物福利合格）、三类别等级（动物福利低下、动物福利一般水平、动物福利良好）、四类别等级［不合格、合格（勉强可接受的）、良好（有待加强的）、优秀］等。

福利标准（welfare criterion）

关注动物福利的一个特定方面，必须解决以满足良好动物福利。例如，不存在长期饥饿。

福利测量（welfare measure）

用于评估福利标准的动物单元测量，可以是基于动物的、基于资源的或基于管理的测量。

福利原则（welfare principle）

关于饲喂、舍饲、健康和行为4个方面之一的标准集合。

动物福利评估指标（animal welfare assessment indicators）

直接或间接评估动物福利水平高低的指标，通常包括基于动物的指标（如体温、呼吸率、死亡率、发病率等）、基于环境的指标（如环境温度、空气质量等）、基于资源的指标（如采食宽度、饮水空间、饮水质量等）。基于环境、资源的指标也称为输入指标，基于动物的指标也称为输出或结果指标。

福利评估方案（welfare assessment protocol）

为计算总体福利评估结果而进行测量的描述。该方案也规定了如何收集数据。

福利评分（welfare score）

对动物单元如何满足某动物福利标准或动物福利原则程度的评分。

动物福利评估体系（animal welfare assessment system）

用来评估和衡量动物在特定环境下的福利状况的工具。

动物福利评估五域模型（the five domains model for animal welfare assessments）

在动物福利五项原则的基础上，从营养、环境、健康、行为互动、心理状况5个方面的需求出发建立的动物福利评估模型。营养域、环境域、健康域分别评估营养、环境和健康因素是否能满足动物机体本身的需求，行为互动域评估动物所处的条件是否能让它们自由地表达行为、是否能与周围的动物或人进行互动（包括动物内部互动、与其他动物互动、与人互动），心理状况域则创新性地将动物的主观感受纳入福利评估体系，也反映了前4个评估域的互作所带来的综合影响。五域模型为每一评估域设置了从低分到高分的5级评分细则——评分从"完全没问题"到"问题很严重"，最终综合分数为5个域分数最高的分数，即5个评估域中分数最高、问题最严重的为最终分数。

1.3 动物行为

动物行为（animal behavior）

可以看得见的生物有机体的行动，是动物对复杂环境的适应性表现。大多数行为都源于动物对内外刺激进行分析后所作出的选择。行为帮助动物更好地生存繁衍。不同的动物会有不同的行为，这些行为有简单的，也有复杂的。按获得途径的不同可分为先天性行为和学习行为；按行为的不同表现可分为觅食行为、贮食行为、攻击行为（同类）、防御行为（不同类）、领域行为、繁殖行为、节律行为(洄游行为，迁徙行为）、社会行为、定向行为、通信行为等。

动物行为需求（animal behavioral needs）

主要指动物内部或外部刺激驱动的行为，其表现的强度与动机强度有关，为达到某种目的或满足某种需求。如果动物长时间无法完成这些行为，则动物个体的福利可能会受到损害。

动物休息行为（animal rest behavior）

动物处于较长时间不活动，且无任何维持行为发生的情形。

动物运动行为（animal locomotor behavior）

动物在空间中移动、追捕猎物、逃避危险、寻找伴侣等活动。常见的动物运动行为包括飞行、奔跑、跳跃、行走、游泳、蠕动等，对动物自身生存和种族繁衍具有重要意义。

动物社会行为（animal social behavior）

同一物种的动物个体之间发生的一系列互动行为。动物形成简单的群体，在性行为或亲代行为方面合作，在领土和获得配偶方面争夺机会，或者只是跨越空间进行交流。社会行为是由相互作用决定的，而不是由动物在空间中的分布决定的。尽管动物个体聚集确实增加了互动的机会，但它并不是社会行为的必要条件。

动物玩耍行为（animal play behavior）

以特定的神经内分泌反应及表现快乐为特征的行为。它常常是由新的或不可预测的刺激引起，并与探索有关。它的功能是增加运动的多样性和提高动物应对意外应激情况的能力，为动物应对意外情况做准备。在玩耍中，动物会主动寻找和创造意想不到的情况，故意放松自己的动作，或把自己置于不利的位置。

动物探究行为（animal exploratory behavior）

动物对于一个新环境或者一件新事物表现出高度活跃和一系列探究相关的行为，受动物物种、年龄、性别、社会地位、动机等因素影响。

动物领地行为（animal territory behavior）

动物为了维护自己的生存和繁殖利益而占有、标记、防卫特定区域的行为。

动物空间行为（animal spacing behavior）

动物群体的空间分布，可细分为肢体接触、群集和分散等行为。

动物同类相残（animal cannibalism）

同一类型的动物为了生存、繁殖需要或者某种目的，互相厮杀竞争的现象。

动物行为节律（animal behavior rhythm）

动物行为按一定时间间隔有规律反复出现的现象。

动物日节律（animal circadian rhythm）

动物以24小时为间隔的生理、行为、代谢等生物性节律。

动物内因性周期行为（animal endogenous cyclical behavior）

由动物体内的生物钟引导的行为变化。

动物行为缺失（animal behavior deficit）

因生存环境被限制和约束，动物一些必要行为无法表达的现象，是行为剥夺的结果。例如，传统笼养母鸡无法表达孵蛋行为、沙浴行为；限位栏产床饲养的分娩母猪无法表达筑巢行为。

动物行为剥夺（animal behavior deprivation）

取消对动物机体发育的必需条件。行为剥夺对动物行为和心理发展有重要影响。例如，一定时间内剥夺食物和水，可影响动物的内驱力水平；降低（不能达到个体所需的正常水平）或取消环境刺激水平，即剥夺感觉刺激，会严重影响动物感觉的发展。又如，生活在单调环境中的幼小动物心理和社会性行为发展都受到刺激剥夺和社会隔离的严重影响。

动物异常行为（animal abnormal behavior）

不符合动物正常习性、不能积极适应环境的行为表现，由外部刺激（如环境应激、空间限制等）以及动物亚健康、疾病等状态引起，如咬尾、咬耳、啄肛、啄羽等。动物刻板行为是一类常见的动物异常行为。

动物刻板行为（animal stereotypic behavior）

动物以固定模式或频率反复表现且无明显生物学功能的行为或活动，也称刻板症、规癖行为。这种行为的形成与动物遗传、神经化学因素、心理因素等多种因素有关，也与动物长期受到不良刺激或生存环境恶劣无法适应有关，对其个体生存质量、社交能力、心理健康等方面往往产生负面影响。例如，在圈养条件下，环境贫瘠、活动空间小，动物容易发生刻板行为，而环境富集可以避免刻板行为的发生。

引申阅读：动物中枢神经系统在应对应激条件产生的永久性功能障碍可能意味着，即使以后的环境或其他处理方法（如饲喂水平或日粮成分等）发生了改变，但已形成的刻板行为也无法完全消除。诱发刻板行为的环境通常也会降低动物福利。虽然刻板行为通常被认为是福利较差的表现，但在一些情况下，刻板行为与应激之间的联系证据并不一致。例如，如果刻板行为本身降低了潜在的动机，那么挫折引起的应激可能会得到一定程度的纠正。因此，在一个群体中，表现刻板行为的个体可能比不表现刻板行为的个体更能适应应激。然而，刻板行为要么表明动物目前存在的问题，要么表明过去的问题已经解决。与其他指标一样，将刻板行为作为一个单独的福利指标，应谨慎使用。

动物冷漠行为（animal apathy behavior）

动物不再对通常会引起反应的刺激做出反应。此外，冷漠行为还被描述为一种不正常或不适应的行为，表现为活动减少、缺乏兴趣或关注（即漠不关心）以及缺乏感觉或情感（即无动于衷）。

动物争斗行为（animal agonistic behavior）

在冲突情况下动物表现出来的进攻、防御和顺从或逃避等的行为，具体可包括咬、推等接触行为或摆出威胁的姿势等非接触行为。攻击行为（即打斗）是争斗行为的一部分。

动物无食咀嚼（animal vacuum chewing）

动物的一种口部刻板行为，也称空嚼。表现为在口腔无食情况下连续地咀嚼。这种现象一般多发生在环境贫瘠的舍饲环境下，尤以妊娠母猪表现为多。

动物异食癖（animal pica）

舔食、啄食除食物以外物体的行为，是一种非常复杂的多种疾病的综合征，通常被认为由代谢机能紊乱、味觉异常、饲养管理不当或环境应激等引起。以家禽、牛表现为多。广义上讲，动物表现出的一些有害癖好，即恶癖，也包含在异食癖中。

1.4 动物健康及其管理

兽医主管部门（veterinary authority）

成员国的政府主管机构，由兽医、其他专业人员和兽医辅助人员组成，其职责是确保或监督动物卫生和动物福利措施、国际兽医认证以及其他标准和建议在该国全境的实施。

兽医服务机构（veterinary services）

在某国境内实施动物卫生和动物福利措施以及其他标准和建议的政府和非政府组织。兽医服务机构由兽医主管部门全面监管和指导。私营部门组织、兽医、兽医辅助人员或动物卫生专业人员通常由兽医主管部门认证或批准后，才能履行授权职能。

兽医法定机构（veterinary statutory body）

兽医和兽医辅助人员的自治监管机构。

动物卫生管理（animal health management）

为优化动物身体、行为健康及福利而设计的系统。该系统包括预防、治疗和控制影响动物个体和群体的疫病，适用时还包括记录疫病、损伤、死亡和治疗。

兽医（veterinarian）

受过适当教育、经某国相关兽医法定机构注册/许可在该国从事兽医或科学工作的人员。

兽医辅助人员（veterinary paraprofessional）

由兽医法定机构授权，在兽医负责和指导下，于某地区执行某些指定任务（任务内容取决于兽医辅助人员的具体类别）的人员。兽医法定机构应根据资质、培训和需要，确定每类兽医辅助人员的任务。

畜禽群（livestock and poultry flocks/herds）

受到人类控制饲养或聚集在一起的一群同种动物。一个畜禽群通常被视为一个操作单元或一个流行病学单元。

动物卫生状况（animal health status）

某国、某地区或某生物安全隔离区内某动物疫病的状况。

消毒（disinfection）

在彻底清洗后，实施旨在消灭动物疫病（包括人畜共患病）的传染性或寄生虫病原的程序，适用于可能直接或间接受到污染的场所、运输工具和各种物体。

杀虫/灭虫（disinfestation）

实施旨在消灭虫害侵染的程序。

动物标识（animal identification）

使用唯一标识符对动物个体进行标识和登记，或使用唯一标识符对流行病学单元或群体中的动物进行标识和登记，如耳标。

动物可追溯性（animal traceability）

在动物全生命过程中跟踪动物个体或群体的能力。

生物安全（biosecurity）

一系列管理和物理措施，旨在降低在动物群内或群间传入、定植和传播、感染或侵染动物疫病的风险。

生物安全计划（biosecurity plan）

根据生物安全防控要求及相关标准而制订的计划，确定某地区或某生物安全隔离区传入和传播疫病的潜在途径，并描述正在或将要采取的措施，以减轻疫病风险（如适用）。

危害（hazard）

动物或动物产品中的生物、化学或物理因素，或者动物或动物产品的状况，可能对健康造成不利影响。

健康监控（health surveillance）

系统地持续收集、整理和分析与动物卫生有关的信息，并及时传播信息，以便采取行动。

健康监测（health monitoring）

不定期进行常规测量和观察，并分析其结果，旨在监测环境或畜禽群健康状况的变化。

健康巡检（routine health inspection）

兽医巡视动物健康状况的过程。

1.5 农场动物饲养环节

动物生产系统（animal production systems）

所有用于生产动物产品（包括用于生产、加工食物、毛皮等）的生产系统，包括繁育、饲养和育肥的部分或全部环节。

集约化系统，集约化饲养（intensive system，intensive farming）

一种现代化畜牧业的饲养方式，完全依赖人类每天提供饲料、庇护和饮水等基本需求的生产系统，具有资金、科技投入较多，以及社会效益、经济效益和环境效益较高的特点，与粗放式饲养相对应。

粗放系统，粗放式饲养（extensive system，extensive husbandry）

一种在生产技术水平较低的条件下采用的生产方式，动物可以自由地在舍外活动，一定程度上自主选择饲料、饮水和出入庇护棚，具有劳动力需要较多，主要依靠生产要素投入的增加提高产量/产值，以及消耗高、排放高、产出低的特点，与集约化饲养方式相对应，比较原始。

半集约化系统，半集约化饲养（semi-intensive system，semi-intensive farming）

将集约化饲养和粗放式饲养相混合，并根据天气条件或动物的生理状态，同时或交替采用这两种饲养方式的混合形式。

舍饲系统（animal housed system，indoor system）

将动物饲养在环境可控或不可控的畜禽舍内，完全依赖人类来提供动物的基本所需，如人工配制的饲料和饮水。畜禽舍的类型与环境、气候条件和管理制度有关。在这种饲养方式中，畜禽可以群养（自由散养）、单独饲养；也可以拴系饲养，如牛、羊。舍饲系统大多数属于集约化系统。

舍外系统，放牧系统（outdoor system，pastured system）

动物整个生产周期在设置有遮蔽处或阴凉处的舍外指定区域——围场或牧场饲养，可以自由采食、饮水、进出遮蔽处或阴凉处，但饲料和饮水可完全依赖人类提供，群养或单独饲养均可。除挤奶需要的棚舍外，不需其他棚舍。舍外系统大多数属于粗放系统。

半舍饲系统（partially housed system，combination system，free-range farming）

动物饲养在可进出舍内、舍外有限区域的畜禽舍，饲喂或补饲人工配制的饲料，何时放出舍外根据天气条件或动物的生理状态而定。半舍饲系统大多数属于半集约化系统。

工厂化养殖（industrialized culture）

应用现代化的生产方式进行养殖，采用先进的科学技术和设备，用流水式生产线和全进全出的生产工艺组织和管理生产。

机械化养殖（mechanization culture）

在养殖生产中为了减轻工人的劳动强度，提高工作效率，根据不同地区的气候状况和特点，在生产的各个环节上采用机电设备以及自动控制设备的养殖方式。

半机械化养殖（semi-mechanization culture）

在养殖生产的全程或部分环节中结合机械化作业和人力作业，在一定程度上提高了劳动效率、减轻了劳动强度的养殖方式。

智慧养殖，智能养殖（smart farming, intelligent farming）

通过智能科技手段，运用物联网、大数据、云计算等技术，将传统农业养殖与现代科技相结合，实现养殖过程的智能化和自动化的养殖方式，能够实现养殖环境的自动控制和设备的自动化操作、数据化决策、精细化管理、监测预警等功能，具有提高养殖效率、优化养殖环境、减少资源浪费、提高动物福利和产品质量的优势。

基础群（foundation stock）

经生长发育、体型外貌、生产成绩和后裔测定等综合鉴定合格的核心种群。

种畜（禽）利用年限（breeding age）

畜禽种用和经济利用的年限。其利用年限的长短与畜禽寿命、使用强度和使用目的有关。

畜群序列，社群序列（herd sequence）

家畜社会结构的一种现象，表现为每一个体在资源（如空间、食物、水、配偶等）分配上的先后次序。

全进全出（all in all out）

一种饲养制度，即在同一个养殖舍或养殖区内，在同一时间内饲养同一批畜禽，以后在同一天出售或转入下一环节饲养，可以完全阻断传染病的传播途径。

饲养日程（daily feeding and management scheme）

饲养管理过程中对畜禽进行免疫、转群、饲喂等操作所规定的时间表。

垫料平养（feeding on litter floor）

在圈舍内地面铺设垫料饲养。

网上平养（feeding on the net rack）

在圈舍内人工架设的网架（单层或多层）上饲养。

大笼饲养（feeding in the large cage）

在圈舍内单层或多层大笼内饲养。

发酵床饲养（fermentation bed culture）

根据微生态和生物发酵理论，利用微生物对畜禽粪尿降解，从而减少畜禽粪尿污染的一种养殖方式。这种养殖方式是否能应用成功，微生物菌剂选择、配比及发酵床日常维护非常关键。

立体饲养（stereoscopic farming）

概念一：在传统养殖模式的基础上发展而来，可以看作是多种传统养殖模式的一种高效结合。立体饲养充分利用环境各部分的不同属性和所涉及农作物及养殖动物生存所需要的特定环境，将其有机地结合在一起，完整地利用了环境的各个不同部分，在相同面积的土地上发挥最大效益。常见的立体饲养有稻田养鱼蟹、林地养鸡等。

概念二：将家禽（鸡、鸭）在高大的禽舍中叠层饲养或将猪养在楼房中的饲养方式。

厚垫草饲养（deep litter farming，deep litter husbandry）

一种畜牧生产中的养殖方式。指在养殖生产中，在地面上铺设厚垫草，这不但可以让畜禽在上面翻拱，满足活动的需要，还能起到保温的作用。

群饲（group feeding）

将一定数量的畜禽集中在同一圈栏中一起管理和饲养，以提高集约化程度，减少占地面积。

圈养（pen farming）

将一定数量的畜禽放在专门的圈栏或笼子中饲养，统一管理和饲喂。

舍饲散养（loose housing）

动物在畜禽舍内获得较大活动自由的养殖方式。

放牧（grazing）

在人工或牧犬的照管下，将家畜驱赶至草地，觅食牧草获取营养物质。

轮牧（rotational grazing）

将草地分成若干单元，依次轮流放牧。

载畜量（grazing capacity）

在一定放牧时期内、一定草地面积上，不影响草地生产力及保证家畜正常生长、繁育时所能容纳放牧家畜的头数。

饲养密度（stocking density）

每头（只）畜禽所占畜栏或笼的地面面积。

空间占有量（space allowance）

每头（只）动物或单位体重配有的占地面积和高度的衡量指标。

防暑降温（cooling down）

在炎热的季节降低动物环境温度的措施。

防寒保温（keeping warm）

在寒冷的季节保持或提高动物环境温度的措施。

去势（castration）

一种摘除公母畜生殖器官的外科手术，生产中通常将不留作种用的公母畜去势后育肥。

断尾（tail docking，tail resection，tail cutting）

用特定工具截断动物尾巴的操作。常在仔猪、羔羊中实施，详见仔猪断尾、羔羊断尾。

修蹄（hoof trimming）

人工矫正动物过度生长或畸形蹄甲的操作。修蹄在奶牛、羊养殖生产上常见。关于羊的修蹄可详见羊修蹄。

限位栏（individual stall）

将动物限制在栏杆围成的狭小空间内的饲养设施。限位栏多由热镀锌钢管焊接而成，坚固耐用，耐腐蚀，好清洗。使用广泛的主要有妊娠母猪限位栏（定位栏、单体限位栏）、母猪分娩栏和犊牛栏（犊牛笼、犊牛箱）。

引申阅读：20世纪80年代，工厂化养猪兴起，为了有效地节省占地空间，最大程度地把有限建筑面积发挥到极限，同时更易于对饲养动物的管理，限制前后转身的母猪限位栏最先被开发出来，应用到妊娠母猪的饲养实践中。长期使用限位栏饲养母猪，母猪受到严格约束，正常行为活动无法表达，容易产生慢性生理和心理应激，不但频发咬栏、空嚼、过度饮水等异常行为，还会导致母猪发生心肺功能不全、呼吸疾病、泌尿生殖系统疾病、肢蹄病以及难产等繁殖障碍（仔猪初生重、活力下降）。鉴于限位栏严重影响母猪的健康和福利，禁止使用母猪限位栏的国家或地区越来越多，例如欧盟从2013年1月1日起禁止使用单体限位栏饲养母猪。

漏缝地板（slatted floor）

安装于畜舍地面，具有板条和缝隙相间并行排列的地板结构，又称漏粪地板。家畜排出的尿液、粪便（经过踩踏）以及清洁、消毒等生产用水可以从板条之间的缝隙处流入或落入排污沟，利于家畜与粪污分离，减少清粪工作量，实现清洁生产。根据漏缝地板的制作材料，应用广泛的有塑料漏缝地板、铸铁漏缝地板、水泥漏缝地板、BMC复合材料漏缝地板等。

防滑垫（non-slip mat）

铺垫在动物能够接触到的地面上的人造防滑设施。

垫草（bedding material）

铺垫在动物休息区的柔软材料，如秸秆。

玩具（plaything）

放置在畜禽舍内供动物玩耍、戏弄的物品。

营养需要（nutrient requirement）

动物为维持生命、生长发育和各种正常生理活动对每种营养成分的需要。

营养标准（nutritional standard）

满足动物不同生理期营养需要的参数。

人工断奶（artificial weaning）

人为分开哺乳期的幼畜与母畜的饲养管理措施。

配方奶（formula milk）

为新生动物配制的营养配方奶，又称人工乳。

补饲（supplementary feeding）

对新生动物额外补喂或饲喂代乳料、开食料。

适口性（palatability）

动物喜食或适宜的饲料滋味、香味和质地等特性的总和。

精料（concentrated feed）

营养成分丰富、纤维素含量低、消化率较高的饲料。

青绿饲料（green forage）

天然水分含量在 60% 以上、富含叶绿素的新鲜植物性饲料。

1.5.1 猪

楼房养猪，多层养猪（building pig farming，multi-layer pig farming）

一种新型的养猪方式，在选址布局、建筑、智能化设施设备、生产工艺、过程管控、废弃物处理等方面集成了生猪养殖的最新技术，充分利用空间，将猪舍建在楼房中，养殖过程实现智能化和自动化控制，猪舍环境相对安全、舒适，具有提高土地利用率、节约水资源、提高猪肉品质和养殖效益等优点，但也存在技术要求高、投资成本高、防疫难度大和对环境影响大等缺点，在选择是否采用楼房养猪时需要慎重。

母猪分娩栏（farrowing/lactating sow confinement stalls）

分娩/哺乳母猪的限位栏，用于隔开分娩/哺乳母猪与哺乳仔猪的活动区域，母猪空间严格受限，无法转身，甚至无法自由地躺下或站起，极大妨碍了母猪基本的生理需求、社会需求及自然行为需求。

早期断奶（early weaning）

一般指仔猪出生后 3 周龄内断乳，利用仔猪仍有大量有效抗体时与母猪隔离，大幅度减少母猪将病原传给仔猪的概率。其中包括超早期断奶（over-early weaning），特指仔猪出生后 2 周龄内断奶。早期断奶可以清除许多细菌性与病毒性疾病，常与隔离断奶结合使用，见早期隔离断奶。

隔离断奶（segregated weaning）

仔猪整批断奶后，立刻被送至与母猪完全隔离的猪场进行饲养，可以大幅度减少垂直传染病原的概率，也大幅度减少既有繁育又有育肥的猪场常见的疾病风险。隔离断奶对美国的养猪产业已产生极为巨大的影响，大型企业化养猪公司与私人养猪户已纷纷采用此项技术来养猪。

早期隔离断奶（segregated early weaning，SEW）

指仔猪出生后 20 日龄以内（一般在 12～14 日龄）断奶，断奶仔猪被运送到离母猪 1 000 米以上的保育场（封闭式猪舍）内，一直到 70 日龄再转入育肥场（或育种场）饲养，从而改善生长期仔猪健康状况，防止母、仔疾病交叉感染。该技术能够成功的另一关键在于营养科技的突破，现在已有商业化的早期断奶仔猪饲料专供 14～16 日龄断奶仔猪食用而不会影响其断奶后的性能表现。

多点式生产（multiple-site-production）

SEW 成功之后的下一步就是多点式生产的应用。多点式生产指的是有许多独立且隔离的保育舍与育肥舍分设在不同的地点，此方法大幅减少了一旦猪场内发生传染病全场猪只都被波及的风险，如果某一点的猪群发生疾病也比较容易进行清场、消毒、复养，不至于影响整个猪场或公司的营运。

公猪、母猪分群饲养（sex split feeding）

过去不论公猪、母猪都吃同一种配合日粮，但是文献中很明确地指出阉公猪吃得较多、生长较快，而胴体的瘦肉量比母猪少，因此阉公猪与母猪在不同的生长阶段应给予不同营养成分的配合日粮，此一饲料营养科技的突破可以依照性别给予各自营养平衡的配合日粮，从而减少饲料浪费。将来在环保方面也有应用价值，利用营养完全平衡的配合日粮将会降低猪粪尿污染环境的影响，特别是减少磷污染。

分阶段饲养（phase feeding）

仔猪、生长猪以及育肥猪阶段，过去每个阶段配合日粮一般只有一种或两种，现在严格按猪只体重甚至可分成5种（如采用公猪、母猪分群饲养，则有10种），所有各期的配合日粮完全按照各期猪只的营养需求调整配方，借以调整营养成分的平衡来促进猪只更有效率地生长。分阶段饲养可以确保配合日粮中最重要也是最贵的成分——蛋白质不至于浪费，进而使养猪户减少饲料费用支出。

自由采食（feeding ad libitum）

不限量饲喂。通常指在料槽或自动料箱中投放足够的饲料，动物可以任意采食。

限制饲喂（limited feeding）

有意识地控制饲喂量，一般多为人工饲喂和加水湿喂。种公猪、空怀母猪、妊娠母猪和生长育肥后期（体重在60~100千克）常采用此法。限制饲喂要做到定时、定量、定质，定时是指仔猪一天4~6次，泌乳母猪3~4次，其他猪2~3次；定量是指固定每天每次的饲喂量；定质是指饲料品质要稳定，饲料种类变化要逐渐过渡。

空嚼，假嚼（vacuum chewing，sham chewing）

母猪不停地咀嚼，但嘴里看不到食物。

舔触地板（licking floor）

猪用舌头舔触地板，并伴随着头部移动。

咬尾（tail biting）

一种异常行为，主要发生在猪上，表现为某头猪用牙或嘴啃咬、咀嚼或玩弄其他猪只的尾巴。

仔猪断尾（tail docking，tail resection in piglets）

将仔猪尾部用各种方式去除一部分的操作，一般在 7 日龄以内进行。集约化生产中，为了降低生长育肥猪的咬尾问题，提高日增重，将其尾巴在出生后不久切除。断尾不当常会造成仔猪疼痛、感染、出血、伤口愈合不全等福利问题。

公猪去势（castration，orchiectomy，castrating procedures）

为减少性成熟公猪肉中令人难闻的"膻味"，通常在雄性仔猪出生后 3～14 天，将雄性仔猪睾丸切除。去势切除不当常会造成动物疼痛、感染、出血、伤口愈合不全等福利问题。

耳缺（ear notching）

仔猪出生后 6～24 小时，使用剪耳钳在仔猪耳朵上剪出相应缺口，形成识别该个体的唯一号码。相比耳标，用耳缺标识猪只身份不符合动物福利要求，会对猪只造成疼痛。

耳标（ear tagging）

在猪耳中部无血管处，用专用的耳标钳给该猪佩戴具有唯一标号的标牌。一般在仔猪断奶后或首次免疫后进行佩戴。我国实施的耳标主要是二维码耳标和电子耳标。二维码耳标采用激光在耳标面刻制编码信息，电子耳标应用 RFID 技术，内置芯片和天线，编码信息存储于芯片内。电子耳标应用得越来越广泛，因为其识别功能能够跟踪监控动物从出生→屠宰→销售→消费者的整个过程。

剪牙 / 磨牙（teeth clipping，teeth resection，teeth grinding）

为了减少仔猪獠牙伤害母猪乳头或其他仔猪的行为，在仔猪出生后不久，将仔猪獠牙修剪或磨除的操作。剪牙 / 磨牙时很少使用疼痛缓解剂，不仅给仔猪带来痛苦，剪牙 / 磨牙不当还可能使牙髓腔暴露或牙齿折断，引起感染、出血、疼痛等福利问题。

赶猪板（pig driving board）

用于驱赶、移动猪只的板状工具。也称挡猪板、隔猪板、赶猪隔板，常用加厚塑料制成。在猪场猪只转群、生产处置、出栏等需要移动或隔开猪只的情况下使用。

装猪台（pig loading platform）

猪场内用于装运猪的设备，其主要功能是方便将出栏猪进行集中装车，保证高效快捷地转运出猪场。

1.5.2 家禽

传统笼养系统（battery cage/conventional cage system）

将鸡只限制于方形或长方形鸡笼内的高密度饲养模式。传统笼养系统模式下鸡群的活动被极大地限制，从生产成本的角度看，可以使饲料利用率和生产效率达到最大化，但是传统笼养系统严重限制鸡群的天性表达，从动物福利的角度看仍需改良。

富集型笼养系统（furnished cage/enriched cage system）

在传统笼养系统的基础上降低饲养密度，同时增添沙浴区、栖架、产蛋箱（区）、刨食板等福利设施的饲养系统，又称装配型鸡笼（furnished cage）、群笼（colony cage）或改装笼（modified cage）系统。多用于蛋鸡饲养中以消除应激、缓解紧张情绪。富集型笼养系统为鸡群提供了更大的活动空间和更舒适的设施，可以在一定程度上改善动物福利，但是富集型笼养系统中鸡群由于活动量增大等原因导致的脏蛋率上升以及龙骨损伤等问题还须亟待解决。

大笼系统、栖架散养系统、家禽立体散养系统（aviary system）

在舍内为鸡群设置多层供水供料的平台，提供不同高度的栖架、高低层结构让鸡群飞行和栖息，同时在地面设置垫料满足鸡沙浴、抓刨等行为的表达。这种饲养系统在改善动物福利、促进蛋鸡自然行为的表达方面具有极大的优势。但是，由于环境丰富度的提高，蛋鸡在散养系统中面临的环境应激、社会应激更大。同时，活动量增大导致的龙骨损伤以及粪便无法及时清除带来的寄生虫污染也是该系统的缺陷之一。

舍外散养家禽系统（out-door system or free range for poultry）

在舍外适宜养殖的区域用网格或者铁丝为鸡群设置一片活动区域，供鸡群自由活动。舍外散养是最接近原始饲养方法的模式，舍外散养的鸡群往往直接与自然接触，更易受到环境应激等因素的影响，而且在对光照需求较高的产蛋期也无法对鸡群提供充足的人工光源，疫病传播、寄生虫污染等因素同样不可忽略。

蛋鸡立体养殖（stacked cage farming or stereoscopic farming for laying hens）

具有一定蛋鸡饲养规模、采用立体生产系统的设施养殖模式（4～12层叠层笼养），与传统平养、阶梯笼养相比，主要有以下特点：单位面积饲养量大，每平方米饲养30～90只，节约土地面积可达30%以上，单位面积产出效率提高2倍以上；劳动效率高，人均蛋鸡饲养量可达3万～5万只，单栋饲养量可达5万～20万只，人均劳动生产率提高3倍以上；自动化程度高，采用密闭式设施养殖，蛋鸡舍内环境可控，能够实现自动饲喂、清粪、集蛋等饲养流程。

引申阅读： 参见2023年农业农村部印发的《蛋鸡立体养殖技术指导意见》。

肉鸡立体养殖（stacked cage farming or stereoscopic farming for broilers）

充分使用各种设施和数智化管理系统大规模生产肉鸡的2层或以上养殖模式，关键技术要点包括养殖工艺、鸡舍环境控制和管理、饲料与营养、立体高效养殖数智化管控和生物安全防控，其中养殖工艺相关的笼具和配套的饲养设备、鸡舍环境控制和管理是肉鸡立体养殖成功与否的重要环节，需要重点关注。相比传统网上平养模式，立体养殖模式可以有效地提升肉鸡生产效率，降低养殖成本，节约土地面积 50%～60%，提高饲料转化利用率 3.0%～8.0%，降低人工成本 50%～80%，降低能耗 30%～60%，降低药费 50%～70%，节水 30%～50%，每只鸡最终可节约生产成本 1.5～2.0 元。另外，立体养殖模式让肉鸡养殖处于一个生物防控更好的环境，不仅可以更有效降低外界环境对生产的影响，同时也减少了生产对外界环境污染，为产业的持续、健康发展提供了保障。

引申阅读：参见 2023 年农业农村部印发的《肉鸡立体养殖技术指导意见》。

栖架（perches）

用于家禽攀高或栖息的物体，通常为木制的横杆，供家禽上下活动（跳跃）、栖息，增加家禽运动。栖息是家禽仍然保留的寻找高处休息的强烈本能，方便家禽在白天或夜间休息，也利于家禽爪部健康、减少啄癖和打斗。

栖息行为（perching behavior）

鸡立于栖架上的休息行为。栖架一般高于地面，在散养鸡舍添加栖架可以有效减少由于地面潮湿以及灰尘造成的呼吸道疾病，但是鸡如果长时间立于栖架上，则有造成脚垫损伤的危险，同时，鸡在地面与栖架之间来回飞跃时极易造成龙骨损伤甚至骨折。

沙浴行为（dustbathing behavior）

鸡群在松土或沙上扑动双翅，使沙土进入羽间并接触皮肤，最后抖落沙土以达到清洁效果的行为。沙浴行为是鸡的自然行为，也是评估动物福利的重要指标，不仅有助于清除羽毛上的油脂，而且可以帮助减少体外寄生虫。

筑巢行为（nesting behavior）

雌性动物繁殖阶段的本能行为。在散养母鸡中主要表现为母鸡在产蛋前离开鸡群，选择一个可以衔草、隐蔽的地方筑巢产蛋，在笼养母鸡中主要表现为母鸡产蛋前的焦虑，在笼内反复踱步，寻找产蛋地点。筑巢行为表达与动物的繁殖性能息息相关。

产蛋前行为（pre-laying behavior）

蛋鸡产蛋前的筑巢行为或无法表达筑巢行为时的踱步、焦虑行为。

蛋鸡疲劳症（cage layer fatigue）

笼养蛋鸡的一种营养紊乱性骨骼疾病，也称为笼养蛋鸡骨质疏松症。通常与蛋鸡持续产蛋机体缺钙、体质发育不良及蛋鸡福利不佳有关。

强制换羽（forced molting）

采取某些人为强制性方法，给家禽以突然应激，造成其新陈代谢紊乱、营养供应不足，使家禽缩短换羽时间，从而提高下一产蛋期产蛋量。

啄羽（feather pecking）

家禽用喙啄取并拔出另一只家禽身上除翅膀以外的任何部位羽毛，属于啄癖的一种。

啄癖（pecking habit）

家禽以刻板的方式反复用喙啄食自己或同伴机体各部位（如啄羽、啄肛等）以及啄食喂料器、饮水器等非食物物体，甚至啄蛋。啄癖常发生在笼养条件下。

断喙（beak trimming）

用工具将雏鸡的喙部分断去的操作。常用方法包括热刀断喙和红外断喙。从饲养成本看，断喙可以有效减少饲料浪费，提升饲料利用。从动物福利的角度看，断喙虽然可以有效减少啄癖行为的发生，但容易产生雏鸡应激、痛觉丧失、喙形态异常（颌骨错位、喙闭合不全）等负面后果。

1.5.3 牛、羊

牛定位栓系（cattle positioning tether）

将奶牛/肉牛的颈部固定在饲料槽前，实现定点饲喂的养殖模式。牛定位栓系不许牛自由走动，牛也无法舔舐自己，且站立和趴卧都十分困难，导致牛肢蹄病和乳头损伤等福利问题。

犊牛限位饲养（restricted farming of calves）

将犊牛限定在板条箱内进行养殖的模式。板条箱空间窄小，高度偏低，边缘坚硬，限制犊牛表达口部行为、运动和社交等正常行为，甚至引起犊牛躺卧、站起困难，造成犊牛营养缺乏、身体不适、无法伸展等福利问题。

营养舔砖（nutrients licking brick）

一种固化反刍动物（如牛、羊等）所需常量元素、微量元素、维生素和瘤胃调节剂等的产品。动物舔食后，可以促进唾液分泌，调节瘤胃环境，补充容易缺乏的营养成分或消化功能强化物质。

盐砖（mineral salt brick）

一种营养舔砖，由天然岩盐矿石或粗盐与水混合，压制成砖块状或饼形，干燥后供牛、羊舔食。

草架（hay rack）

放置牛、羊等反刍动物饲草的架子。

人工哺乳（artificial suckling）

对出生孤羔、缺奶羔羊、多胎羔羊和1周龄左右断奶的羊用代乳品（如牛奶、山羊奶、绵羊奶和奶粉等）进行人工哺乳。人工哺乳务必做到定时、定量和定温，哺乳工具可用奶瓶或饮奶槽，但要定时消毒，防止消化道疾病发生。

隔栏补饲（creep supplemental feeding）

隔栏补饲是指在母羊活动集中的地方设置羔羊补饲栏，为羔羊补料的一项技术。其目的在于：加快羔羊生长速度，缩小单、双羔及出生稍晚羔羊的大小差异；为以后提高育肥效果尤其是缩短育肥期打好基础；同时也减少羔羊对母羊索奶的频率，使母羊保持较长时间泌乳高峰期。

卷舌（tongue-rolling，tongue-playing）

牛昂首、低头或伸头，将舌头在口腔内或伸出口腔外反复做卷出、卷回运动。牛卷舌大多数情况下是一种异常行为，环境受限、行为受挫、营养缺乏、疾病缠身和饲养管理不当等是诱导因素。一旦一头牛开始卷舌，其他牛就会模仿、学习卷舌行为。

抛料（feed-tossing）

奶牛咬住一口饲料抛向空中。

过度梳理（excessive grooming）

奶牛在身体的同一部位长时间梳理。

过度摩擦（excessive rubbing）

奶牛长时间用头或身体部位摩擦牛舍设施或设备。

舔食异物或异食癖（object-licking or pica）

牛舔食或咬非食物物体（如栅栏、料槽）。

自吮吸或相互吮吸（self-sucking or inter-sucking）

吮吸自己或其他犊牛的身体部位。

犊牛非营养性吸吮（non-nutritive sucking of calf）

集约化养殖情况下，犊牛出生后即刻实施母子分开，而人工限时快速喂饮初乳、常乳不能满足犊牛吸吮动机的需求，造成犊牛吮乳行为得不到充分表达，出现用力吸吮其他犊牛阴茎、阴囊、包皮、乳房、耳朵等突出部位或料槽、栅栏等非营养性吸吮行为。出现这种行为的犊牛，采食量显著减少，生长发育缓慢，瘤胃消化异常。犊牛非营养性吸吮包括自吮吸、相互吮吸或舔食异物。

成牛吮乳（sucking behavior of adult cows）

因遗传影响、营养缺乏、管理方式、激素失调以及相互模仿等因素出现奶牛自我吸吮乳汁或相互吸吮乳汁的行为。成牛吮乳大多数发生在下午挤奶前的一段时间。成牛吮乳除了损失牛奶之外，更大的危害是导致乳头损伤，引发乳房炎，甚至造成乳头缺失等福利问题。

去角芽（hornbud removal）

对出生后 1 周内的犊牛，实施局部麻醉后，用腐蚀性化学物质或热烙术去除其角芽，以方便饲养管理，减少对人和其他动物的潜在威胁，降低破坏圈舍、损坏设施的风险，提升经济效益。

牛去势（castration of cattle）

不留作种用的公牛，通常在牛出生后 2～6 月龄利用去势钳法、橡胶圈法、手术法、化学法等方法摘除睾丸，或阻断阴囊颈部精索血流，或注射化学物质使睾丸变性、坏死、萎缩，以减少动物个体间攻击性，提高人员安全性，避免牛群中的意外怀孕，提高生产效率。

羔羊断尾（tail cutting in lamb）

使用断尾工具切断羔羊尾巴末端的操作。通常对 2～3 周龄羔羊进行断尾，常用的工具为断尾剪，断尾处离尾根约 4 厘米，可在第三至第四尾椎之间，母羔以盖住外阴部为宜。断尾剪烧至黑热程度，断尾时要边烙边切，以避免流血。断尾后可用 2%～3% 的碘酊对伤口消毒。

羊修蹄（hoof trimming in sheep and goat）

用修蹄刀或果树剪对羊蹄进行修剪的操作，以达到预防蹄病、提高产奶量和提高公羊的种用价值。修蹄一般在雨后进行，这时的蹄质较软。修剪后的蹄，底部平整，形状方圆，站立自然。舍饲羊 1～2 个月修蹄 1 次，放牧羊在放牧前后各修剪 1 次。

剪毛（shearing）

从羊身上定期剪取羊毛的操作，一般分机器剪毛和人工剪毛两种。机器剪毛效率高，剪下的毛数量多、品质好。剪毛前先去除羊体表的杂物，被毛要保持干燥。剪毛时要紧贴皮肤，保持毛茬整齐，不要剪伤母羊的乳头、外阴部和公羊的阴囊、包皮，被毛要保持完整的套毛。套毛和碎毛分开存放，并按毛色、品种分别打包。

牛、羊药浴（medicated bath in cattle and sheep）

在养殖过程中，将牛、羊浸泡在含有草本植物、矿物质等消毒、杀菌、去螨等成分的药浴池或药浴房中的操作。牛、羊一般每2～3个月浸浴1次，不宜时间过长或过频。时间过长会造成动物体内药物积累，过频的药浴则会影响动物的正常生长发育。药浴时确保选择适合的药材、用量、水温、时间以及水质卫生，才能更有效地预防和治疗牛、羊疾病，特别是体外寄生虫病。

抓绒（hand combing）

采集山羊绒的一种方法。每年春季用铁梳在山羊体躯抓取羊绒。山羊在春季先脱绒后脱毛。当发现头部开始脱绒时，用直径0.3厘米的钢丝制成的稀梳（7～8根梳齿，间距2～2.5厘米）和密梳（12～14根梳齿，间距0.3～1.0厘米）抓绒。抓绒前一天应禁食，保持羊体干燥。抓绒时将山羊的两前蹄一后蹄固定，先用稀梳从前往后顺毛清除羊体上的碎毛和粪块，再用密梳紧贴羊的皮肤逆毛将绒抓下。

年龄鉴别（age determination）

羊的年龄主要根据门齿的更换和磨损情况来判断。1岁前，羊的门齿为乳齿，永久齿还未长出；1～1.5岁时，乳齿的切齿开始脱落，长出永久齿；2～2.5岁时，内中间乳齿开始脱落，换成永久齿，并充分发育成为"四牙"；3～3.5岁时，外中间乳齿脱落，换成永久齿，成为"六牙"；4～4.5岁时，乳隅齿开始脱落，换成永久齿，这时全部门牙已更换整齐，称为"齐口"；5岁时，由于牙齿磨损，牙上部由尖变平；6岁时，齿龈凹陷，有的牙齿开始活动；7岁时，齿与齿之间出现大的空间，门齿变短；8岁时，牙齿有脱落现象。羊的年龄鉴别主要用在种羊上，特别是种公羊，但随着羊养殖的规模化发展、生产记录的完善化以及先进繁殖技术的广泛应用，需要鉴别羊年龄的情形越来越少。

1.6 农场动物运输环节

逃离区（flight zone）

人接近动物导致动物试图逃跑的最小空间区域。逃离区大小因动物种类和同种动物个体而异，取决于之前与人接触的经历。与人密切接触的动物（如驯养动物）逃离区较小，而散养或放养的动物逃离区可能从 1 米到数米不等。逃离区越大，人越不易接近该动物。

平衡点（the point of balance）

动物肩部位置，即向前、向后驱赶动物的分界位置。动物操作员在平衡点的后方，可以向前驱赶动物；在平衡点的前方，可以驱赶动物后退。因此，动物操作员应使用动物肩部的平衡点按生产流程驱赶动物。

行程前阶段（pre-journey period）

动物被识别的阶段，通常是为了装载动物而聚集起来的阶段。

运输工具（vehicle/vessel）

用于运输动物的任何工具，包括火车、卡车、飞机或船舶。

运输容器（container）

在一种或多种方式运输动物的行程中用于装载动物的无动力容器或其他坚固结构。

装载（loading）

将动物移入运输工具或运输容器以便运输的过程。

装运密度（stocking density）

运输工具或运输容器中每单位面积的动物数量或体重。

行程（journey）

动物运输行程，从第一头（只）动物被装载到运输工具或运输容器至最后一头（只）动物被卸载之间的时间，包括所有没有明显移动的休息/等待时间。同批动物经过适当的休息和恢复，并补充足够的饲料和饮水之后才能开始新的行程。

休息点（resting point）

中断行程以给动物休息、喂食或喂水的地方；动物可留在运输工具或运输容器中，或被卸下。

卸载（unloading）

将动物移出运输工具或运输容器的过程。

1.7 农场动物屠宰环节

人道屠宰（humane slaughter）

减少动物应激、恐惧、肢体损伤和痛苦的宰前处置和屠宰方式。

屠宰场（slaughterhouse，abattoir）

经兽医服务机构或其他主管部门批准，用于屠宰动物以生产动物产品的场所，包括移动或暂养待宰动物的设施。

保定（restraint）

对动物实施旨在限制其移动的任何程序。

致晕（stunning）

导致动物立即失去知觉的任何机械、电、化学或其他方法；若屠宰前使用，意识丧失应持续到屠宰过程结束动物死亡；若不屠宰，应使用可恢复动物意识的致晕方法。

致晕屠宰（stunning slaughter）

通过使用致晕设备使动物在放血前处于完全无知觉状态的屠宰方法。

屠宰（slaughter）

通过放血导致动物死亡的任何程序。

死亡（death）

大脑活动不可逆转地消失，表现为脑干反射的消失。

安乐死（euthanasia）

尽量减轻动物痛苦且使其迅速、不可逆转地失去意识的致死方法。

宰杀、扑杀（killing）

导致动物死亡的任何程序。

待宰圈（lairage）

在动物被转移或用于屠宰等特定目的之前，用来安置动物的围栏、场院和其他暂养场所，以便给予它们必要的照顾（如水、饲料、休息）。

无意识（unconsciousness）

因大脑功能暂时或永久性丧失而造成的无意识。

第二章

农场动物生物学习性

　　动物的生物学习性是以生态学、生理学、营养学、内分泌学、遗传学、生物学和管理学为基础,研究动物的自然生活、日常行动、性情表现等为内容的科学。如动物的进食、求偶和争斗等都是生物学习性的一部分。行为是动物对某种刺激和外界环境适应的反应,不同的动物对外界的刺激表现不同的行为反应,同一种动物不同个体行为反应也不一样,这种行为反应,可以使动物能从逆境中赖以生存、生长发育和繁衍后代。动物的行为习性,有的取决于先天遗传内在因素,有的取决于后天的调教、训练等外来因素,这些行为反应则是这些因素相互作用的结果。在农场动物繁殖、育种、饲养、管理等环节中,需要考虑它们的生物学习性是否得到满足或满足到什么程度,以便更好地制订出科学、合理的养殖计划,规范生产过程,确保动物良好的健康和福利。

2.1 猪的生物学习性

　　与其他动物一样,猪及其养殖环境之间具有互作关系。随着集约化养猪的快速发展,密闭舍饲、高密度、机械化、自动化、智能化生产技术的广泛使用,极大地提高了养殖效率，但往往没有充分考虑猪的正常行为习性及其需求，容易导致猪产生应激反应，引发疾病。如果掌握猪的行为习性，科学地利用这些行为习性，制定合理的饲养工艺，开发适宜的饲养设备，应用动物友好型饲养技术，通过反复适应和调教，发挥猪后效行为潜力，则可化解人造养殖环境与猪生物学习性之间的矛盾，提高猪的健康、福利和生产性能，获得最佳的经济效益。

2.1.1 采食行为

猪的采食行为包括采食与饮水，并具有年龄依赖性。猪生来就具有拱土的遗传特性，拱土觅食是猪采食行为的一个突出特征。猪鼻子是高度发育的器官，在拱土觅食时，嗅觉起着决定性的作用。尽管在现代猪舍内，饲以营养平衡的配合日粮，猪还是会表现出拱地觅食的动机，每次喂食时猪都力图占据料槽有利的位置，有时将两前肢踏进料槽中采食，如果料槽易于接近的话，个别猪甚至钻进料槽，站立料槽的一角，就像野猪拱地觅食一样，以吻突沿着料槽拱动，将饲料搅弄出来，抛撒一地。

猪的采食具有选择性，特别喜爱甜食，研究发现未哺乳的初生仔猪喜爱甜食。颗粒料和粉料相比，猪爱吃颗粒料；干料与湿料相比，猪爱吃湿料，且花费时间也少。

竞争可以促进猪的采食。群饲的猪比单饲的猪吃得多、吃得快，增重也快。猪在白天采食6~8次，比夜间多1~3次，每次采食持续时间10~20分钟；限饲时少于10分钟；任意采食（自由采食）不仅采食时间长，而且能表现出每头猪的偏好和个性。仔猪每昼夜吸吮次数因年龄不同而异，为15~25次，占昼夜总时间的10%~20%；生长育肥猪的采食量和采食频率随体重增大而增加。

在多数情况下，饮水与采食同时进行。猪的饮水量很大，仔猪出生后就需要饮水，主要来自母乳中的水分，仔猪吃料时饮水量约为干料的2倍；成年猪的饮水量除饲料组成外，很大程度取决于环境温度。采食配合日粮的仔猪，每昼夜饮水9~10次，采食湿料的平均每昼夜饮水2~3次。吃干料的猪每次采食后需要立即饮水；自由采食的猪通常采食与饮水交替进行；限制采食的猪则在吃完料后才饮水。1月龄前的仔猪就可学会使用自动饮水器饮水。

2.1.2 排泄行为

猪不在采食、躺卧的地方排粪尿，这是祖先遗留下来的本性，因为野猪不在窝边拉屎撒尿，以避免被敌兽发现。在良好的管理条件下，猪是家畜中最爱清洁的动物。猪能保持其躺卧区干净，在猪栏内远离躺卧区、比较阴暗湿冷或污浊的角落排泄粪尿。猪一般多在采食后饮水或起卧时排泄粪尿，且受邻近猪的影响。据观察，生长猪在采食过程中不排粪，采食完成后约5分钟开始排粪1~2次，多为先排粪后排尿，在饲喂前也有排泄的，但多为先排尿后排粪，在两次饲喂的间隔，猪多有排尿但很少排粪，夜间一般排粪2~3次，早晨的排泄量最大，猪的夜间排泄活动时间占昼夜总时间的1.2%~1.7%。

2.1.3 群居行为

猪的群居行为是指猪群中个体之间发生的各种交互。结对是一种突出的交往活动，猪群居表现出更多的身体接触和保持听觉的信息传递。

在无猪舍的情况下，猪能自主固定地方居住，表现出定居漫游的习性。猪有合群性，但也有竞争习性，具有大欺小、强欺弱和欺生的好斗特性，猪群越大，这种现象越明显。一个稳定的猪群，按照优势序列原则，组成有等级制的社群结构，个体之间比较熟悉，关系稳定，和睦相处。当重新组群时，稳定的社群结构发生变化，猪则爆发激烈的争斗，直至重新组成新的社群结构。

猪群具有明显的等级，这种等级在刚出生后不久即形成。仔猪出生后几小时内，为争夺母猪前端乳头会出现争斗行为，常出现最先出生或体重较大的仔猪获得最优乳头位置。同窝仔猪合群性好，当它们分开时，彼此也不会离得很远，若受到意外惊吓，它们会立即聚集成一堆，或成群逃走。当仔猪同其母猪或同窝仔猪离散后不到几分钟，就出现大声嘶叫、频频排粪尿等行为。年龄较大的猪与伙伴分离也有类似表现。

猪群等级最初形成时，以攻击行为最为多见。等级位次的建立，受到构成这个群体的品种、体重、性别、年龄和气质等因素的影响。一般体重大的、体质强的猪占优位；年龄大的比年龄小的占优位；公比母、未去势比去势的猪占优位。小体型猪及新加入原有群中的猪则往往列于次等。同窝仔猪之间群体优势序列的确定，常取决于断奶时体重的大小；不同窝仔猪并圈喂养时，开始会激烈争斗，并按不同来源分成小群躺卧，经过 24 ～ 48 小时，明显的优势等级就可形成，一般是简单的线型。在年龄较大的猪群中，特别在限饲时，这种等级关系更明显，优势序列既有垂直方向，也有并列和三角关系夹在其中，争斗优胜者次位排在前列，常占据有利的采食位置，或拥有优先采食权。在整体结构相似的猪群中，体重大的猪往往排在前列；不同品种构成的群体中争斗性强的品种或品系占优势。优势序列建立后，就开始和平共处，优势猪尖锐响亮的呼噜声形成的恐吓或用其吻突佯攻，就能代替咬斗，次等猪马上会退却，避免发生争斗。

2.1.4 争斗行为

争斗行为包括进攻防御、躲避和守势的活动。

在生产实践中能见到的争斗行为一般是为争夺饲料和地盘所引起的，新合并的猪群内相互交锋，除争夺饲料和地盘外，还有调整猪群居结构的作用。当一头陌生的猪进入一个固定群中，这头猪便成为全群猪攻击的对象，攻击往往很严厉，轻者伤皮肉，重者造成死亡。如果将两头陌生的性成熟公猪放在一起时，彼此会发生激烈的争斗。它们相互打转、相互嗅闻，有时两前肢趴地，发出低沉的吼叫声，并突然用嘴嘶咬，这种争斗可能持续 1 小时之久，屈服的猪往往调转身躯，嚎叫着逃离争斗现场。虽然两猪之间的争斗很少造成伤亡，但一方或双方都会造成巨大损失，在炎热的夏季，两头幼公猪之间的争斗，往往因热虚脱而造成一方或双方死亡。猪的争斗行为，多受饲养密度的影响，当猪群密度过大，每头猪所占空间不足时，群内咬斗次数和强度增加，会造成猪群采食时的攻击行为增加，降低饲料的采食量和增重。这种争斗形式表现为：一是咬其对方的头部；二是在舍饲猪群中，咬对方的尾部。新合群的猪群，主要是争夺群居次位而非争夺饲料，只有当群居结构形成后，才会更多地发生抢食和抢地盘的争斗。

2.1.5 性行为

性行为包括发情、求偶和交配行为。在母猪发情期，可以见到其特异的求偶表现，公、母猪都表现一些交配前的行为。

发情母猪主要表现卧立不安，食欲忽高忽低，发出特有的音调柔和而有节律的哼哼声，爬跨其他母猪，或等待其他母猪爬跨，频频排尿，尤其是公猪在场时排尿更为频繁。母猪发情中期性欲强烈,当公猪接近时,调整其臀部靠近公猪,闻公猪的头、肛门和阴茎包皮,紧贴公猪不走,甚至爬跨公猪,最后站立不动,接受公猪爬跨。管理人员压母猪背部时,立即出现呆立反射,这种呆立反射是母猪发情的一个关键行为。有些母猪表现明显的配偶选择,对个别公猪表现强烈的厌恶;有的母猪由于内激素分泌失调,表现性行为亢进、不发情或发情不明显。

公猪一旦接触母猪,会追逐、嗅母猪体侧肋部和外阴部,把嘴插到母猪两腿之间,突然往上拱动母猪的臀部,口吐白沫,往往发出连续、柔和而有节律的喉音哼声,有人把这种特有的叫声称为"求偶歌声"。当公猪性兴奋时,还出现有节奏的排尿。公猪由于营养和运动,常出现性欲低下,或发生自淫现象。群养公猪,常形成稳固的同性性行为,群内地位低的公猪多被其他公猪爬跨。

2.1.6 母性行为

母性行为包括分娩前后母猪的一系列行为,如絮窝、哺乳及其他抚育仔猪的活动等。

母猪临近分娩时,通常表现出衔草、铺草絮窝行为。如果栏内是水泥地而无垫草,只好用蹄子抓地来代替。分娩前24小时,母猪表现神情不安,频频排尿、磨牙、摇尾、拱地、时起时卧,不断改变姿势。分娩时多采用侧卧,选择最安静时间分娩,一般多在16:00以后,特别是在夜间产仔。当第一头仔猪产出后,母猪可能还会发出尖叫声。当仔猪吸吮母猪腹部时,母猪四肢伸直,露出乳头,让初生仔猪吃乳。母猪在整个分娩过程中,自始至终都处在放奶状态,并不停地发出哼哼声,母猪乳头饱满,甚至奶水流出容易让仔猪吸吮到。母猪分娩后以充分暴露乳房的姿势躺卧,主要采用左倒卧或右倒卧姿势,形成一热源,引诱仔猪挨着母猪乳房躺下。在一次哺乳中间,母猪常常不会转身。母猪、仔猪双方都能主动引起哺乳行为,母猪以低度有节奏的哼叫声呼唤仔猪,仔猪则以其召唤声和持续地轻触母猪乳房来发动哺乳。一头母猪哺乳时母、仔猪的叫声,常会引起同舍内其他母猪也哺乳。仔猪吮乳过程可分为4个阶段:开始仔猪聚集乳房处,各自占据一定位置;以鼻端按摩乳房,吸吮;仔猪身向后,尾紧卷,前肢直向前伸,此时母猪哼叫达高峰;最后母猪排乳完毕,仔猪又重新按摩乳房,哺乳停止。

母猪、仔猪之间通过嗅觉、听觉和视觉来相互识别和相互联系，猪的叫声是一种联络信息。例如，哺乳母猪和仔猪的叫声，根据其发声的部位（喉音或鼻音）和声音的不同可分为嗯嗯声（母仔亲热时母猪叫声）、尖叫声（仔猪的惊恐声）和鼻喉混声（母猪护仔的警告声和攻击声）3种类型。

母猪非常注意保护自己的仔猪，在行走、躺卧时十分谨慎，不踩伤、压伤仔猪。当母猪躺卧时，会采取防压动作，选择靠栏一侧不断用嘴将其仔猪赶出卧位，才慢慢地依栏躺下，以防压住仔猪。一旦遇到仔猪被压，母猪只要听到仔猪的尖叫声，马上站起，防压动作再重复一遍，直到不压到仔猪为止。

带仔母猪对外来的侵犯，先发出警告的吼声，仔猪闻声逃走或伏地不动，母猪会张开、闭合上下颌对侵犯者发出威吓，甚至进行攻击。刚分娩的母猪即使对饲养人员捕捉仔猪也会表现出强烈的攻击行为。这些母性行为，地方猪种表现尤为明显；现代培育品种，尤其是高度选育的瘦肉型猪种，母性行为大为减弱。

2.1.7 活动与睡眠行为

猪的行为有明显的昼夜节律，活动大部分发生在白昼，温暖季节或炎热的夏季尤其如此。夜间活动和采食比较稀少，遇上阴冷天气，活动时间缩短。猪昼夜活动也因年龄及生产特性不同而有差异，仔猪昼夜休息时间平均60%～70%，种猪70%、母猪80%～85%、肥猪70%～85%。休息高峰在半夜，8：00左右休息最少。

哺乳母猪睡卧时间随着哺乳天数的增加逐渐减少，走动次数由少到多，时间由短到长，这是哺乳母猪特有的行为表现。哺乳母猪睡卧休息有两种：一种为静卧，另一种为熟睡。静卧休息姿势多为侧卧，少为伏卧，呼吸轻而均匀，虽闭眼，但易惊醒；熟睡为侧卧，呼吸深而长，有鼾声且常有皮毛抖动，不易惊醒。

仔猪出生后3天内，除吮乳和排泄外，几乎都酣睡不动，随日龄增长和体质增强，活动量逐渐增多，睡眠相应减少，但至40日龄大量采食补料后，睡卧时间又会增加，饱食后一般睡眠较安静。仔猪活动与睡眠一般会尾随、效仿母猪。出生后10天左右同窝仔猪便开始群体活动，单独活动很少，睡眠休息主要表现为群体睡卧。

2.1.8 探究行为

探究行为是指猪对环境的探索和调查，并与环境发生经验性的交互作用，包括探查活动和体验行为。猪的一般活动大部分来源于探究行为，大多数是对地面上的物体，通过看、听、闻、尝、啃、拱等感官进行探究。猪对新近探究中所熟悉的许多事物，表现出好奇、亲近的两种反应，仔猪对小环境中的一切事物都很好奇，对同窝仔猪表示亲近。探究行为在仔猪中表现明显，仔猪出生后2分钟左右即能站立，开始搜寻母猪的乳头，用鼻子拱掘是探查的主要方法。仔猪用鼻拱、口咬周围环境中所有新的东西。用鼻突来摆弄周围环境物体是猪探究行为的主要方面，其持续时间比群体玩闹时间还要长。

猪在觅食时，首先是拱掘动作，先是用鼻闻，用嘴拱、舔、啃，当诱食料合乎口味时，便开口采食，这种采食过程也是探究行为。同样，仔猪吸吮母猪乳头的序位，母猪、仔猪之间彼此能准确识别也是通过嗅觉、味觉探查而建立的。

猪在猪栏内能明显区分休息、采食、排泄不同区域，也是用鼻的嗅觉探究、区分不同气味而实现的。

2.1.9 异常行为

异常行为是指超出正常范围的行为。恶癖就是对人畜造成危害或带来经济损失的异常行为，它的产生多与动物所处环境中的有害刺激有关，如长期限位栏饲养的母猪会持久而顽固地咬嚼自动饮水器的乳头。母猪生活在单调无聊的限位栏内，常狂躁地在栏内不停地啃咬栏柱。一般随着活动范围受限制程度增加，母猪咬栏柱的频率和强度增加，攻击行为也会增加，口舌多动的猪，常将舌尖卷起，不停地在嘴里伸缩，有的还会出现拱癖和空嚼。

同类相残是另一种有害恶癖，如神经质的母猪在产后出现食仔现象。在拥挤的圈养条件下，营养缺乏或无聊的环境常引发咬尾的异常行为，给生产带来极大危害。

2.1.10 后效行为

猪的行为有的生来就有，如觅食、母猪哺乳和性行为，有的则是后天产生的，如学会识别某些事物和听从饲养员指挥的行为等，后天获得的行为称后效行为，或称条件反射行为。后效行为是猪出生后对新鲜事物的熟悉而逐渐建立起来的。猪对吃、喝的记忆力强，因此猪对饲喂的有关工具、料槽、饮水槽及其方位等，最易建立起条件反射，例如仔猪在人工哺乳时，每天定时饲喂，只要按时给以笛声、铃声或饲喂用具的敲打声，训练几次，即可听从信号指挥，到指定地点吃食。由此说明，猪通过一定的重复训练，都可以建立起后效行为的反应，听从人的指挥，达到提高生产效率的目的。

2.2 鸡的生物学习性

鸡被人类驯养作为经济动物的历史至少有 6 000 年，近 100 年内经过不断培育，加上养殖技术的进步和饲养环境的改善，鸡的生产性能得到大幅提高。鸡作为鸟类的一员有其固有的生物学习性，比如就巢性即为生物学习性之一，但现代养鸡业往往忽视鸡的这类生物学需求，因此把鸡固有的生物学习性和选育的经济性状结合起来考虑，就显得非常重要。

2.2.1 日常行为

鸡的颜色辨别能力比较强，不需要经过后天学习。它们先天的色觉有两个光谱高峰，即短波（紫色波）和长波（橙色波），对绿色最不偏好。因此，在绿色背景上，鸡对橙黄色的食物敏感；与此相反，如果食物接近绿色，则需要不断训练才能找到食物。

鸡有上下眼睑，在睡眠时闭合。鸡还有瞬膜，关闭时可以遮住半个眼球。鸡的视觉范围可达到 300°，并具有深度视觉，阈值为 15 厘米。研究表明，鸡能鉴别不同体积、形状和复杂构型的物体。

刚出壳的雏鸡可被母鸡的呼叫和连续的敲击声所吸引，雏鸡对短促而又不断重复的声音最为敏感，听到这种声音就向其趋近。受到外界干扰时刚出壳的雏鸡会随着母鸡的叫声而发出害怕的啾啾声，当母鸡安静下来时，雏鸡就停止鸣叫。刚孵化出来的雏鸡即便是在暗处，也可以根据母鸡的叫声找到自己的母亲，而对其他母鸡的叫声不予理睬。雏鸡判断声源方向的能力较差，因为其耳廓缺少能放大声源信息的结构。离群的雏鸡听到母鸡的呼叫声，可能会奔向各个方向，只有通过灵活地转动和扭曲头颈部，雏鸡两耳才能感受到连续的声波，正确判断母鸡的方位。

鸡的味觉与哺乳动物不同，不能区别常见的糖类，但能耐受相当程度的酸和碱性物质，并能感知苦辛味和盐分。

鸡的嗅觉发育欠佳。正常的鸡不能区分含有臭味的水，在粪便和垃圾上寻找食物是鸡常见的一种习性。

2.2.2 采食行为

在孵化期间，雏鸡可从卵黄囊获得营养物质，直到孵出后第二天都不需要采食食物。雏鸡需要在有光亮的环境中经过一定的啄食实践后，才能掌握啄食和吞咽谷粒的本领，如果在雏鸡阶段不经过啄食训练或在黑暗中饲养，这种本领的学习过程就会延长。

雏鸡开始啄食时是没有选择性的，无论是营养物质，还是非营养物质均啄食。鸡选择性采食是建立在第一次采食的食物或母鸡喂给的食物所形成的采食经验基础上的。这种以味觉和嗅觉形成的经验会形成雏鸡的采食偏好。自由采食的鸡是杂食性的，食物是多方面的，包括种子、水果、昆虫等。

雏鸡出壳后在啄食食物之前很少饮水，在第一周内只有体重大的雏鸡才在采食前饮水。如果在饮水中加入染成蓝色的食物，可以增加采食前饮水的发生频率。

群体因素可以直接刺激鸡的啄食行为，增加啄食和采食活动；与采食活动有关的声音，如啄食录音和手指叩击的声音，也可以有效地促进鸡的采食活动。

在给定的时间内有多少动物前来采食，取决于群体的优势序列和饥饿程度。鸡只接近料槽的先后顺序，是按照动物的优势序列和啄斗顺序来排定的，因此如果群体地位低下的鸡分群不恰当，会被饿死。

蛋鸡在夏季气温高时，对能量的需求减少，因而采食量下降。气温超过30 ℃时，采食量减少10%～15%；酷热时，可减少30%以上。由于采食量减少，摄入的蛋白质和钙也相应减少，因而导致产蛋量下降。冬季寒冷，蛋鸡需要多消耗营养以御寒，所以采食量增加。当舍温低于21 ℃时，每下降1 ℃，鸡采食量即增加1%。

鸡在夏季饮水变化很大，渴欲增强，饮水增加。在不冷不热的气候条件下，蛋鸡饮水量为饲料重量的2倍；在炎热条件下，饮水量为饲料重量的4～5倍。

2.2.3 母性行为

母鸡的母性行为包括筑窝、产蛋、孵化、抱窝和饲喂雏鸡，这些行为是可以遗传的。正常情况下促黄体生成素可以诱发母鸡的孵化和抱窝行为，但是对于非抱窝品种的鸡（如来航鸡）所用激素剂量比普通抱窝品种鸡大4～5倍，才能诱发上述行为。另外，大剂量的促黄体生成素也可以诱发公鸡和去势公鸡的抱窝行为，但是不能使它们产生孵化行为。孵化行为与抱窝行为有某些共同之处，例如，处于孵化和抱窝状态下的母鸡会离开鸡群独处，身体姿态也相同，但是行为表现活跃度差异很大，这可能是这两种状态下内分泌状况不同的缘故。例如，促黄体生成素在抱窝时活性较低，而在孵化时活性较高。

如果在孵化期间将蛋取出，鸡还会继续抱窝一段时间。如果所孵的蛋不能孵化或让鸡孵化假蛋，孵化时间也会延长。影响孵化的因素很多，在半明半暗、温度适宜（约30℃）的条件下给母鸡鸡蛋时，可以诱发母鸡孵化行为；母鸡抱窝后，促黄体生成素活性增强，诱发孵化行为，直至雏鸡孵出。

母鸡由孵化转入育雏过程，与视觉刺激和听觉刺激有关；母鸡与雏鸡之间的触觉刺激是激发母鸡表现育雏行为所必需的。如果每隔3～4周用新孵出的幼雏替代已长大的雏鸡，并将这些幼雏放在母鸡身下，母鸡会大幅延长抱窝、育雏的时间。半明半暗、热而潮湿的环境有利于母鸡育雏行为的表达。鸣叫声对维持母鸡与雏鸡之间的群体关系也有重要的作用，例如，雏鸡的吱叫声刺激母鸡发出咯咯叫声，而母鸡的咯咯叫声又会引发雏鸡叫得更快。母鸡可以通过叫声同雏鸡进行信息交流，或发出叫唤声呼唤雏鸡前来采食，或发出警告声通知雏鸡危急事件。

雏鸡刚出雏到第三天会出现"启蒙性"群体行为，主要包括两个方面：一是受到刺激的中枢神经，促使雏鸡保持觉醒状态，并激活雏鸡向刺激物接近；二是向刺激物接近过程中作出选择性的依附反应，这是一种学习机能。例如，开始时雏鸡会跟随任何一只母鸡，但是经过一段时间后，它能选择出自己的母亲，并且只跟随自己的母亲。这种依附关系一旦建成，就非常亲昵而稳固，其他刺激均不能取代这种关系。有时将出壳后的雏鸡与母鸡隔离，到第七天后还可以建立母鸡与雏鸡之间的关系，只不过亲密程度会稍差一些。因此出雏后的第一周群体生活对建立母鸡与雏鸡之间、雏鸡与雏鸡之间的联系非常关键。

2.2.4 群体行为

在群体活动中，早起叫声有着重要作用。叫声的群体联系早在啄破蛋壳过程中就已经开始，雏鸡常以沉默来应答母鸡的叫声。母鸡与雏鸡在不断地接触中通过指引食物、提供保护等活动，进一步巩固了它们的群体联系。雏鸡到10日龄时，对母鸡吸引性的应答开始减弱，但是此时雏鸡对自己的母亲已经有了深刻的印象，因此，一方面排斥不熟悉对象的吸引；另一方面紧跟自己母亲活动。

自然孵化的雏鸡在行为发育上可分为3个阶段：第一阶段，即出壳后3天以内，此时雏鸡紧紧跟随母亲周围，不敢离远，喂食期间常聚集在母鸡嘴的周围。母鸡啄起食物，并不吞下，而是先叼在嘴里，然后丢在雏鸡面前，并发出咕咕声。虽然寻找食物是雏鸡的一种本能，但是母鸡的这种启蒙活动能教会它们识别并啄取食物。第二阶段，雏鸡已经对周围环境有所认识，能在稍远的地方活动，但是通常不会离开母鸡3米以外，还是以母鸡为活动中心。第三阶段，即10～12日龄以后，此时雏鸡已有初步独立生活的能力，分散在较远的地方活动，但是一有危急情况立即奔向母鸡，寻求保护。5日龄以后雏鸡开始逐渐离开抱窝的母鸡，尤其是在夜间，因为此时雏鸡的羽毛已经发育齐全，体温的调节功能也基本发育完善。人工孵化的雏鸡在出壳后的最初3～4天，常常由于孤单而发出尖叫声。这种雏鸡与自然孵化的鸡不同，第一和第二阶段不长，很快就进入第三阶段，独立而分散地生活。

雏鸡在1月龄左右开始彼此间的嬉戏和打闹，这是好斗行为的开端，这种活动可以导致啄斗行为。雏鸡只有在距趾发育完善后，才会有真正的啄斗行为。在确定胜负和排出优势序列之前，啄斗行为会反复进行，直到战败者出现回避或屈从行为为止。某些个体大约在6周龄时便进入决斗阶段，而其他一般要到10周龄之后才开始。去势的公鸡进入决斗的日龄要比正常的公鸡晚一些，群体等级形成的时间会更长。公鸡出现好斗行为要比母鸡早，因此如果公母混群饲养，两种性别发生啄斗的频率不是均匀分布的。在10～15周龄，可按啄斗顺序逐渐地形成两个单一性别的群体。

2.2.5 争斗行为

鸡的争斗行为包括攻击行为、逃脱行为、回避行为和屈从行为。攻击行为有战斗、啄斗和威胁。屈从的鸡以弯腰俯首的姿态向优胜者表示屈服。回避行为则包括撤退和脱离群体。逃跑和逃离是战败者最后的选择，公鸡战败时一般不表现弯腰俯首，而经常以逃离结束战斗。

陌生的鸡相遇后，很快就可以建立等级关系。公鸡的争斗行为强于母鸡，而且性别之间各自有优胜关系，因而两种性别的鸡群中存在着两种啄斗顺序，公、母鸡各有一个群体等级。鸡群中的优胜者，既有保卫群体的天职，也同时享有采食和交配等优先权。啄斗顺序的意义在于保卫群体、调解和限制群体内攻击行为，以控制后裔行为。

外貌、蛮横程度、性激素含量以及经验等因素会影响啄斗顺序的形成和维持。外貌是可见感官的信号，例如鸡冠大、羽毛脱落、体形较大以及威壮的姿态等都是好斗的象征。去势公鸡和摘除卵巢母鸡的鸡冠大小、蛮横程度等均不如正常的公鸡和母鸡，这说明性腺激素可以直接影响外貌及性情，因而影响动物的优势等级。另外，不同品种、品系的鸡如果同群，可以显示出不同的啄斗顺序。

2.2.6 性行为

鸡的性成熟时间一般在 5～8 月龄，蛋鸡性成熟时间早些，肉鸡性成熟时间晚些，兼用型鸡居中。所谓性成熟，是指公鸡能产生成熟的精子、母鸡开始产第一枚蛋的生理状态。鸡的年产蛋量 150～280 枚，蛋鸡产蛋量高些，肉鸡产蛋量低些，兼用型鸡居中，蛋重 60 克左右。正常饲养管理情况下，种蛋的受精率与孵化率 90% 左右。种蛋的孵化期平均 21 天。鸡的繁殖性能与品种、营养水平、管理条件、季节、气候等因素有关。

鸡有许多种性行为，某些在交配时才会出现。公鸡最典型的性行为是，在跑动的母鸡中，查找能够交配的母鸡个体。交配可发生于一天的任何时间，午后和傍晚较多。幼龄鸡通常不表现性行为，但是给予恰当的刺激，例如用手重复推动它或以雄激素处理等，可以激起幼龄鸡模拟性交配动作。具有早期性活动经验的雏鸡对随后的性行为发育具有促进作用。与母鸡混饲的小公鸡在 2 月龄时就接近性成熟，而从小就隔离笼养的公鸡性成熟会延长至 3 月龄左右，在公鸡群中养大的公鸡性成熟日龄介于两者之间，平均为 70 日龄。

通常，群体等级地位较高的公鸡向处于从属地位的母鸡进行求情活动。如果向等级地位较高的母鸡求情，可能会遭到拒绝或排斥。研究表明，群体等级地位高的公鸡不会像地位低的公鸡那样频繁地向母鸡求情和企图交配，然而它的交配成功率最高，等级最低的公鸡有效交配率最低。母鸡若同意交配，则采取顺从的蹲伏姿态。然而，群体等级地位较高的母鸡对性行为会表现为高姿态，提高了求情的阈值，轻易不表现弯腿蹲伏的姿态，因此交配活动会受到干扰。

2.2.7 排泄行为

鸡的泄殖腔是一个共同出口，用于排泄粪尿。排泄时通常采取简单的坐姿，排出粪便的时间和地点比较随机，但是在栖息时排泄得多。

2.2.8 换羽行为

在自然光照条件下，成年鸡在秋季进行自然换羽，一般需要进行 3～4 个月。换羽期间鸡体代谢机能减弱，抗病力降低，产蛋停止。高产鸡换羽晚，秋末冬初才开始，经 1～2 个月就恢复产蛋；换羽时，主翼羽同时脱换数根。低产鸡换羽早，夏末秋初就开始，经 3～4 个月方脱换完毕；换羽时，主翼羽一根一根地脱换。根据生产上的特殊需要，常进行饥饿法、高锌法或激素法等人工强制换羽，会对鸡的健康和福利造成很大影响。

2.2.9 异常行为

在公鸡群中经常发生单性交配现象，某些公鸡的性欲旺盛，反复地踩踏别的公鸡，有时会造成伤残和死亡。这种行为主要发生于等级地位高的公鸡和地位较低的公鸡之间。母鸡之间也有单性交配现象，但不表现踩踏和围着母鸡转等雄性行为。

啄癖是鸡最常见的异常行为，可发生于成年鸡群，也可发生于雏鸡群中。雏鸡主要表现为啄趾、啄尾；成年鸡表现为啄冠、啄羽、啄肛、啄蛋等。特别是当一只鸡被啄出血时，同群中的其他鸡就会群起而啄之，造成伤亡。

2.3 牛的生物学习性

2.3.1 采食与饮水行为

犊牛出生后 2~5 小时出现吸吮活动。新生犊牛站立之后首先出现的运动是趋向母牛，咬叮母牛任一隆突部位，寻觅乳头，并企图吸吮，直到找到一个真正的乳头为止。母牛不断地调整身体位置以靠近犊牛，并不断地舔犊牛，用鼻端触碰犊牛。犊牛从右侧或左侧开始吸吮，偶尔也从母牛的后侧吸吮。

犊牛在吸吮时，将头部用力拱撞母牛的乳房，这样可以刺激乳房，增加产奶量。在安静的哺乳过程中，犊牛常常伴有频繁的摇尾运动。母牛通常舔犊牛的会阴部以及公犊的包皮部，以促进犊牛的排粪、排尿。

犊牛哺乳的速度和哺乳量与犊牛的日龄、体形大小、品种、哺乳方式、母牛的产奶量等因素有关。在第一次喂奶后，犊牛就熟悉了母牛各个乳头的情况。经过 10~15 分钟的吸吮，犊牛就能吃饱。研究表明，新生犊牛每天需哺乳 5~8 次，共计 37~57 分钟。每天的哺乳次数随日龄的增大而减少。

作为主要的采食器官，牛舌很长，运动灵活而且坚固有力，舌面粗糙，能伸出口外，把草卷入口内，再用下颌门齿和上颌齿枕把草切断，或靠头部的牵引扯断草。粥状和颗粒状饲料也都用舌采食。牛的采食速度快，在口腔中将食物与唾液混合成大小和密度适宜的食团，一般不经过细嚼就吞入瘤胃中，经过一段时间后再将粗糙的食糜逆呕回口腔，慢慢咀嚼。

放牧时牛缓缓地在牧场上移动，将鼻端紧贴地面，边走边啃草，未经仔细咀嚼便吞下牧草。一般情况下，牛总是站着牧食，幼犊有时以躺卧的姿势吃草。放牧牛每天运动的平均距离约为 2.5 千米，如果天气热、潮湿或刮风，有蝇子和外寄生虫的干扰，运动的距离会增加。在放牧过程中，牛群中每个个体通常会朝着相同的方向，而在休闲状态下个体体轴方向是随机的。

牛在放牧时总是不断地嗅闻牧草。牛一般会拒绝采食有异味或被粪便污染的牧草。触觉在决定牧草的取舍中具有重要作用，例如粗糙多毛的植物适口性差，除非牛特别需要，否则是不会采食的。味觉是牛采食牧草与否的最后依据，以此来判断食物的适口性、可否接受或拒绝采食。牛不仅偏好某些植物，还对同一种植物的不同生长期和植物的不同部位也有不同的偏好。牛喜食青绿饲料、精料和多汁饲料，其次是优质的青干草，再次是青贮料，最不爱采食未经处理的秸秆饲料。牛爱采食新鲜的饲料，不爱采食在料槽中被长时间拱食的剩料。

在自由采食的情况下，牛全天的采食时间为 6～8 小时，放牧牛比舍饲牛的采食时间长。采食时间受饲料种类影响较大，如长草和秸秆类饲料的采食时间长，嫩绿饲料的采食时间短。在放牧条件下，草高为 30～45 厘米时，采食快，所需时间短。采食时间还受气候变化影响。气温低于 20 ℃时，约 2/3 自由采食时间在白天；随着温度的升高，白天的采食时间缩短。晴朗天相比阴雨天，白天采食时间较长；阴雨天到来的前夕，采食时间延长。冬天牛的采食时间也会延长。

牛的采食量与月龄或体重密切相关，例如，干物质采食量占体重的比例：2 月龄时为 3.2%～3.4%；6 月龄时为 3%；12 月龄、体重 250 千克时为 2.8%；18 月龄、体重 500 千克时为 2.3%。

饲料的形态和营养成分影响牛的采食量。牛采食短草的量比长草多，对草粉的采食量最少。当日粮中营养成分不全时，牛的采食量减少。在日粮中逐渐增加精料，牛的采食量随之增加，但当精料增加到 30% 以上时，采食量不再增加；当精料增加到 70% 以上后，牛的采食量下降。当日粮中脂肪含量超过 12% 时，牛的食欲受到抑制，采食量减少。饲料 pH 值过低也会降低牛采食量。

环境因素对牛的采食量也有影响。如环境安静、群饲、自由采食以及延长饲喂时间等，都可以增加牛采食量。环境温度对牛采食量影响较大，当环境温度从 10 ℃逐渐降低时，可使牛对干物质采食量增加 5%～10%；当环境温度升高到 27 ℃时，牛采食量开始减少。

反刍时牛体位多种多样，典型的姿势为前肢弯曲于胸前，后肢前伸，一部分体躯躺卧下来。躺卧时牛反刍占其总反刍时间的 65%～80%，有时牛也在安静的站立状态或缓慢行走中进行反刍。在暴风雨后的潮湿环境下，牛往往站着反刍。牛通常在采食后 0.5～1 小时才开始反刍，每个反刍周期持续时间为 45～50 分钟，然后间歇一段时间再开始第二次反刍。正常情况下，成年牛每天有 10～15 个反刍周期，小牛可达 16 次。每天的总反刍时间平均为 7～8 小时，与采食时间大约相等。

饲料的种类影响牛的反刍时间，如果牛采食幼嫩多汁的饲料及精料高的饲料，反刍时间短；采食干草或粗饲料较多，则反刍时间延长。另外，牛在夜晚的反刍次数多于白天，反刍高峰多在夜晚。当正在反刍的牛受到干扰时，反刍会立即停止，约30分钟后才能重新进入反刍。随着反刍时间的缩短，反刍活动逐渐减弱。牛患病、饮水不足、饲料品质不良、环境干扰等均会抑制反刍，影响牛的健康。

牛在饮水时鼻端进入水中，然后将水吸入口中。此时只有嘴部没入水下，而鼻孔从不置入水中。放牧牛每天饮水1～4次，通常饮水出现在午前、傍晚和晚上。舍饲和补饲精料，牛饮水量大。泌乳牛主要在挤奶之后饮水。牛的品种、年龄、采食量、环境温度、日粮蛋白质和盐含量等因素都会影响饮水量。炎热的季节饮水次数增多。

2.3.2 排泄行为

牛在运动或躺下时虽然也排便，但主要是站着排便。母牛在运动中不能排尿，躺卧时也很少见到排尿。牛喜欢集中在一起过夜，因此粪便比较集中。牛常常行走和躺卧在被排泄物污染的区域，除非这个区域过于潮湿和寒冷。

饲料质量、环境温度和湿度、产奶量以及个体差异等因素均会影响牛排泄频率。正常情况下健康的牛一天约排尿9次，排粪12～18次。泌乳牛粪尿排泄量多于干奶牛。环境湿度直接影响排尿量和排尿频率，例如，荷斯坦牛和娟姗牛每日排尿，干热环境（相对湿度20%）条件下3.2次，湿热的环境（相对湿度80%）条件下12.4次。

2.3.3 活动和睡眠行为

牛自我或相互舔毛要花费很多时间，身上的任何部位几乎自己都可以舔到，甚至后肢和尾巴也能舔到，还经常用低矮的树枝杈或围栏去蹭磨没有舔到的部位。牛个体之间也经常相互舔毛，这时牛典型的姿势为低头站立，顺从地让同伴来舔，眼睛常半闭。大多数情况下，同伴只舔颈部、头部和肩部3处，而且往往是被支配者去舔它的直接支配者。摆尾也是舔毛活动的一个组成部分，以此轰走苍蝇和拍打身上受刺激的部位。摆尾活动也是一种表达情绪的动作，如牛恐惧时强烈摆尾，以示恐惧；犊牛哺乳时的摆尾也是一种情绪展示。

牛睡觉时身躯斜躺，躯干后弯，有时将头靠在肋腹部，眼睛闭合。每一次睡眠时间比较短，成年牛每天有很多次这种短促的睡眠。牛一天休息9～12小时，在休息时有时游走，有时躺卧。牛躺卧时，前肢蜷曲在身体的下面，一条腿塞在前身的下面，大部分体重由坐骨结节上面、后腿的膝盖关节下面围起来的三角形支撑。另一条后腿伸向身体的一边，膝关节和跗关节部分弯曲。牛持续站立时无法很好地休息。

2.3.4 性行为

牛正常的交配行为包括求情活动，以及爬跨、阴茎勃起伸出和插入、射精收缩等动作。这些行为表现了公牛完整、典型的雄性性行为，有时表现很充分，有时仅表现其中的某部分。

牛在开放饲养条件下求情行为出现得比较多。公牛能够探查出发情前期的母牛，并一直待在该母牛身边。当母牛出现发情特征时，公牛也会进入高度兴奋阶段，更紧紧地跟随在该母牛后面，并且频频爬跨和嗅闻该母牛的外阴部。这时公牛常常一边舔一边嗅，一边卷起上唇。有时公牛会以蹄脚刨地，往自己背上和肩部扬起尘土，有时低头喷着鼻气，扩张鼻孔，以此来威胁并赶走幼年公牛和非发情的母牛。

在爬跨前，公牛面向母牛的后躯，头部抬高，使自己的下颌部和咽喉部贴住母牛的尻部，对母牛施加压力。此时，进入发情高潮的母牛站立不动，接受公牛的爬跨。公牛的插入动作非常迅速，射精收缩非常有力，以至于使支持体重的后两腿蹦离地面。

可观察到的发情期性行为表现，处女牛与成年母牛几乎没有差别，从发情开始变得高度兴奋，对自己通常置之不顾的环境刺激也会做出反应。发情的母牛置群体等级地位不顾，不加区别地既向牛群中居统治地位的公牛靠近，也向从属地位的公牛挨近，因而经常引起争斗。有时发情的母牛也接受其他母牛的爬跨。

2.3.5 争斗行为

牛是一种比较好斗的动物。牛的好斗行为包括逃避、恐吓、冲撞和争斗。逃避行为是指牛退却或撤离，且伴有屈从的姿势，如伸颈、低头、额部与地面平行、离开对手等行为，有自动逃避、被迫逃避之分。一旦牛表现出自动逃避，常会激发起牛群中其他牛对它的袭击。

恐吓行为在冲突牛双方相距 1.5 米左右时发生。此时，牛的头部向下，眼睛紧盯着对手，后腿前伸，额部与地面垂直，头部及犄角指向对手。有时候牛采取刨地、以犄角掘地以及用颈部在地面上摩擦等姿势来恐吓对手。对抗双方彼此接近，侧面站立，体轴平行，头尾相对，彼此相互恐吓。被吓住的牛出现退却行为或屈从姿势，以免被冲撞。如果弱势的一方屈从行为表现得缓慢或没有注意到这种威胁时，优胜的一方开始冲撞。

牛冲撞是以额部冲向对手的体侧或臀部，冲撞时头部作向上跳起的动作，如果该牛有犄角，被冲撞一方可能会受伤严重。战败者以逃跑或躲避的方式屈从于战胜者，战胜者把屈从者追出一段距离后，冲撞即结束。一场争斗可能要经过若干回合的较量，每个回合的间隔时间长短不一，有时仅几秒钟，有时经过几分钟后重新开始争斗。通常的争斗都是速战速决，但是母牛之间的战斗常出现相持不下、抱成一团的局面。

2.3.6 群体行为

牛在自然条件下常会自发地组成一个以母牛为主体的母性群体，由一头老母牛、它的后裔以及其幼犊所组成，群体内部联系持久。成年公牛通常独居，或生活在单身群中，只有在繁殖季节才同母牛发生接触。但是，某些品种，如北美野牛和麝牛，其公牛、母牛相处很密切，可终年生活在一起。

牛群是按严格的等级组织起来的。小群动物通常是直线形的等级结构，大群动物则具有复杂的等级关系。自由放牧的牛群中如有不同性别，则有若干个等级序列，分别在成年公牛中、成年母牛中以及青年牛中形成各自的等级序列，但是成年公牛支配所有的成年母牛，而犊牛受成年母牛的支配。然而，犊牛中的公犊牛一岁半后，开始同成年母牛争斗，两岁半后，它们开始进入成年公牛的序列，支配全部母牛。

牛在决定自己群体地位的冲突最早发生在初情期，此时一头牛已有能力制服另一头牛。对于一头进入陌生牛群的牛来说，只要圈在一起或共同放牧后，很快就建立起等级序列。这种等级关系一旦建立，能够稳定较长时间，期间很少发生真正的争斗行为。简单的姿态或动作，如威吓的姿势、头部的运动，可用来建立牛群的等级关系。研究表明，引进的陌生牛往往被安排在一个适当的等级位置，且与原先所在牛群的等级地位无关。决定群体优势序列的因素包括牛的体重、胸围、犄角和牛的"资历"。此外，品种也是因素之一，据报道荷斯坦牛比娟姗牛的等级高，短角牛的社会地位高于海福特牛。

2.3.7 探究行为

牛的嗅觉、味觉和触觉在探究过程中起主要作用。外界奇特物体的感性信息，经由视觉或听觉途径传给牛，如果不引起惊恐，牛将小心翼翼向这些物体接近，额部与地面平行，竖耳，两眼紧盯着该物体，然后开始嗅闻，进而舔之。如果该物体小而软，则进行摄取和咀嚼，甚至吞食。探究行为的表现与牛的年龄成反比关系，这是由于年龄较大的牛对周围的绝大多数事物已经熟悉，因此诱导产生探究行为的刺激作用比较弱；对于年龄较大、发育成熟的牛来说，探究行为潜在的水平比较低。

2.3.8 异常行为

在公牛群中，同性爬跨现象经常发生。群体内等级较低的个体往往成为爬跨的对象，而爬跨者属于优势序列靠前的个体。另外，公牛也会出现自淫行为。奶牛群中经常会出现持续或频繁的发情，并伴有吼叫、趴地和追随爬跨等类似于公牛的性行为。

在集约化圈养条件下，牛表现出许多异常行为。在挤奶时，奶牛受到外来的突然刺激，会立即形成反射性踢踏行为，这种行为如不及时制止，就会形成恶癖。另外，干乳期奶牛在圈养条件下，表现有反复卷舌的异常行为。早期断奶或拥挤状态下的犊牛有时会出现相互吸吮肚脐、阴茎的包皮和阴囊的异常行为。

2.4 羊的生物学习性

目前，世界上羊的品种有800多个，数量17.5亿多只，分为山羊和绵羊两大类型。研究表明，山羊比绵羊更早被驯化，更能适应各种自然生态条件。不同生产方向的品种具有不同的生物学习性，且常与当地生态环境相适应。例如，细毛绵羊适宜干燥气候条件，抗寒能力强，厌恶湿热，喜欢采食矮小禾本科和杂草，放牧性强，因此我国北方草原牧区适宜绵羊生产。山羊活泼好动，耐粗饲，喜食灌木，善于爬山，适应湿热环境，因此以灌木为主的草地和亚热带山区适宜发展山羊。但绒山羊不同于普通山羊，虽然绒山羊生物学习性与普通山羊相似。但绒山羊主要产绒，只有在光周期变化明显的高海拔或高纬度地区才有利于绒的生长，因此各地引种时应充分考虑羊的生物学习性。

2.4.1 日常行为

羊的视觉和一般动物相同，并无特别之处。绵羊在月光下可以放牧吃草，如同白天一样，吃完后顺牧道归来。山羊和细毛绵羊混群时，能很快自觉归群。这些现象都表明羊的视觉发达。在初春，羊只具有"抢青"的习性，因此有识别颜色的能力。

羊的嗅觉比听觉和视觉发达，鼻孔长在口部上唇的两侧，便于使用嗅觉选择食物，决定饲料饲草是否可以吃。研究表明，用树叶喂羊时，羊先嗅闻，将能吃的吃下，不能吃的弃之。给初生羔羊哺乳时，母羊不断嗅闻羔羊的尾部，以鉴别是否亲仔，防备其他羔羊偷奶。气味不对，母羊会用后蹄将羔羊踢开。个体羊有自身的气味，一群羊有群体的气味，一旦两群羊混群，羊能通过气味辨别同群的羊。羊喜欢采食干净的饲草，饮用清洁的流水、泉水或井水，而拒绝采食被践踏、躺卧或粪尿污染过的草，以及污水、脏水等。

羊因品种、类型不同，其耳廓有大有小，对听力的影响较大。羔羊长到数月后，母羊不用嗅觉识羔羊，而是用听觉找羔羊。例如，母羊和羔羊通过发出叫声，以分辨对方所在的方位，使它们不至于距离太远。在放牧过程中，一旦离群或与羔羊失散，则靠长声相互呼应维持联系。

羊的口腔和舌上有味觉感受器，味觉灵敏，喜食带有甜、酸、苦等味道的牧草。羊除了用嗅觉选择牧草外，还可以用味觉选食牧草，所以有时会出现羊把草咀嚼后感到不适又吐出的情形。

山羊机警灵敏，活泼好动，记忆力强，易于训练成有特殊用途的羊；而绵羊性情温顺，胆小易惊，反应迟钝，易受惊吓而"炸群"。当遇到兽害等危险时，山羊能主动大声呼救，并且有一定的抵抗能力；而绵羊无自卫能力，四散逃避，不会联合抵抗。山羊好角斗，角斗的形式有正向相互顶撞和跳起斜向相撞两种，绵羊只有正向相撞一种。

2.4.2 争斗行为

为了争夺配偶和饲草等，羊会发生争斗行为。配种季节，母羊群中放入公羊，遇到发情母羊，公羊之间会发生搏斗，以争得交配权。搏斗时，公绵羊头对头相互猛撞，力竭者败北；公山羊后腿立正，前腿高举，然后头部向下，一起一落数次后，获胜者爬跨发情的母羊。如果一头公羊偷偷爬跨发情母羊，另一头公羊会全力将其顶掉，不让交配。有时公羊为了争夺饲料、饲草以及抢先、嬉戏等，也进行争斗。强悍的老公羊偶尔也会用角顶人、伤人。

2.4.3 性行为

发情季节，公羊用嗅闻的方法寻找发情的母羊。母羊发情时，兴奋不安，鸣叫，摇尾，采食量下降；外阴部充血肿大，阴道黏膜充血发红；阴户流出透明黏液；主动接触接近公羊，并接受公羊的爬跨、交配。处女羊或初情母羊发情不明显，会拒绝公羊爬跨。

公羊对发情的母羊会表现强有力的调情行为，对发情母羊分泌的外激素极其敏感。公羊嗅到母羊外阴部的尿水，紧追不放，企图交配，同时也害怕其他公羊追逐。这时，如果母羊同意互相调情，则站立不动，频频四顾，而公羊咬住母羊的体侧毛，以增加性欲。当公羊性欲亢进时，开始爬跨母羊，阴茎随即勃起进入阴户，稍一抽动，精液射出。公羊射精后，肌肉松弛，从母羊身上慢慢滑下两前肢，阴茎缩回。羊交配的频率随品种、年龄、季节、饲养管理等情况而异。

母羊的发情表现不明显，交配行为也极其简单。当发情高潮到来时，或主动接近公羊，或站立不动，让公羊爬跨。年轻母羊的胆量小，公羊追逐时会惊慌失措，在公羊的竭力追逐下才肯接受交配。母羊一般从长日照的秋季开始发情，到冬初终止发情。有的品种在特定的生态条件下，可四季发情。

母羊在产羔前会寻找合适的处所，多选择在墙壁下和屋角的阴暗处或离群安静的地方。有的母羊用蹄抓些垫草，嗅地有无气味后，才开始产羔。一般母羊大多卧下产羔，只有少数初产母羊立着分娩。临产时，母羊右侧或左侧卧下，四肢伸直。开始努责时，头部仰直，口向上举。母羊阵痛时，卧立不安，不断努责，忽起忽卧，更换姿势。如生产顺利，大约半小时羔羊落地。研究表明，产羔时间夜间多于白天，后半夜多于前半夜，上午多于下午。其中凌晨最多，傍晚前后次之。

2.4.4 母性行为

母羊认羔天性较其他家畜强。羔羊落地后，母羊开始舔自己的羔羊，这样既可以闻到羔羊的气味，又可以把羔羊舔干，以免受冻感冒。同时，羔羊既闻到母羊的气息，又听到母羊的声音。母羊舔羔，大都从头部开始到躯干，最后到达尾部。但是有些母羊久而不舔，可能与其母性不强或初产没有经验有关。母羊哺乳时，先嗅羔羊尻部，以辨别是否亲仔，然后发出喃喃声，以示亲热。如发现气味不对，即认为不是亲仔，立刻将其踢开或顶开，拒绝喂奶。有时母羊卧在地上哺乳。有时母羊会因为有病或缺奶，出现拒哺现象。产后最初几日内，母山羊能较好地隐蔽其所生的羔羊，而绵羊羔则总是追随母羊左右。

山羊比绵羊性成熟早，一些山羊 1 岁之内可生产第一胎，一般 1 年产 2 胎或 2 年产 3 胎。除初产母羊产单羔较多外，经产母羊每胎产 2～3 胎。

2.4.5 采食行为

羔羊被母羊舔干后，挣扎站起身，接近母羊，东闻西嗅，寻找乳房，当找到乳头后便开始吃奶。由于母山羊四肢短矮，而山羊羔的四肢相对长，所以山羊羔必须跪着吃奶，才能吃到奶。而绵羊羔是立着吃奶，2 月龄后，四肢相对长了，才需要两前肢跪着吃奶。当母羊的奶水不足或羔羊失去了母羊时，羔羊会出现偷吃别的母羊奶的现象。这时羔羊从母羊的两后腿之间，把头钻入乳房下吃奶。

羊的面部细长，嘴尖，唇薄齿利，上唇中央有一中央纵沟，运动灵活，下颚门齿向外倾斜，这对采食地面的低草、花蕾和灌木枝叶很有利，也能充分咀嚼草籽。由于羊善于啃食很短的牧草，故可以进行牛羊混牧。在对 600 多种植物的采食试验中，山羊可利用其中的 88%，绵羊可以利用 80%，而牛、马和猪则分别为 73%、64% 和 60%。这表明羊的食谱较广，同时也说明，羊对种类单调的饲草料容易腻烦。

羊最喜欢采食粗纤维少而蛋白质含量高的牧草和树木的幼嫩枝叶。羊的采食时间大部分集中在白天，采食的开始与日出密切相关，但羊并不连续采食饲料。据测定，在每天清晨和黄昏时间，羊的采食量较大。此外，羊的食性也随季节变化而变化。春季，牧草刚刚萌发，树枝变青绿，此时羊采食不挑剔；在夏季和秋季，牧草繁茂，羊开始选择性采食。对禾本科牧草，羊喜欢在抽穗扬花时采食；

对豆科牧草，羊喜欢在籽粒丰熟时采食；对树枝和树叶，羊喜欢在幼嫩时采食。秋末植物由绿变黄，这时羊先挑食青绿部分。羊在冬季多以落叶、杂草和秸秆为食。

绵羊和山羊的采食特点有明显不同：山羊后腿能站立，有助于采食高处的灌木或乔木的幼嫩枝叶，而绵羊只能采食地面或低处的杂草与枝叶；当绵羊与山羊混牧时，山羊总是走在前面采食，而绵羊只能跟在后面低头啃食；山羊的舌上苦味感受器发达，对各种苦味植物较乐意采食。粗毛羊爱吃草尖和草叶，边走边吃，移动较勤，游走较快，能趴雪吃草，对当地的毒草有较高的识别能力；而细毛羊品种及其杂种，往往站立吃草，游走较慢，常落在后面，趴雪吃草和分辨毒草的能力较差。

羊反刍是一种生理本能。羊的采食速度很快，每分钟可采食60～70口草，2小时就能吃饱。在休息或吃饱后，羊开始反刍，将采食的食物逆呕到口腔进行充分咀嚼，并与唾液再次混合，以利于瘤胃微生物的发酵。羔羊出生后，40天左右出现反刍行为。反刍多发生在吃草之后，反刍中也可随时转入吃草。反刍姿势多为侧卧，少数为站立。正常情况下反刍时间与放牧采食时间的比值为0.8∶1，与舍饲时间的比为1.6∶1。羊每日反刍时间为8小时，分4～8次，每次40～70分钟。一旦反刍停止，羊就会发病。

2.4.6 群居行为

羊的胆量很小，缺乏自卫能力，遇敌害不抵抗，只是逃窜或静止不动。但是羊的群居行为很强，主要通过视、听、嗅、触等感官活动，传递各种信息，很容易建立起群体结构，以保持和协调群体成员之间的活动，头羊和群体内的优势序列有助于维持群体结构。在羊群中，通常是原来熟悉的羊只形成小群体，小群体再构成大群体。在群体中，羊群的头羊多是由年龄较大、后代较多的母羊，体壮的公羊或年老的羯羊等胆量较大者担任。经常掉队的羊主要是因为患病或老弱。

一般来说，山羊的合群性好于绵羊，绵羊中的粗毛羊好于细毛羊和肉羊，肉羊最差。夏、秋季牧草茂盛时，羊的合群性好于冬、春季牧草较差时。只要头羊先行，无论是出入羊圈、采食饮水，还是过河过桥、更换草场，其他的羊只就会跟随前进，并发出保持联系的叫声。由于羊的群居性强，羊群间距离过近时，容易发生混群。绵羊和山羊虽然不是同种，但能很好混合组群，彼此和平共处。不过它们仍然按类相聚，很少均匀掺混。

山羊喜群居游走，单独关养的山羊表现不安，游走掉队的山羊可随声赶上羊群。如果把几家的山羊混合放牧，归牧时它们会自己分开，各进各的圈门。在大群放牧时，只要训练好头羊，头羊就可以按照牧工发出的口令，带领羊群向指定的路线移动；个别羊离群后，只要牧工发出适当口令，就会很快归群，所以山羊的放牧和管理比较方便。

2.4.7 活动与睡眠行为

羊群经常选择高燥、通风、向阳的地方活动。不同的绵羊和山羊品种对气候的适应性不同，如细毛羊喜欢温暖、干旱、半干旱的气候，半细毛羊喜欢温暖、湿润、全年温差较小的气候。羊适宜生存的湿度范围为50%～85%。羊有一层较厚的皮毛，因此怕热，不怕冷。在热天容易扎窝子，即羊将头部扎在另一只羊的腹下取凉，互相扎在一起，越扎越热，越热越挤扎在一起，很容易伤羊。天热时羊呼吸急迫，不爱吃草，因此有夜牧的习性。

羊善于游走，这有助于增加放牧羊的采食空间，特别是牧区的羊终年以放牧为主，需要长途跋涉才能吃饱喝好，故常常一日往返里程达6～10千米。山羊有良好的平衡技能，喜欢登高，善于跳跃，采食范围可达崇山峻岭、悬崖峭壁，如山羊可上下60°的陡坡，而绵羊则呈"之"字形游走。在接近配种季节、牧草质量差时，羊只的游走距离加大，放牧时间增加。

羊吃饱后多为右侧卧。起立时两后肢先站起，继而前肢立起。羊的睡眠时间少，每天2～3小时，多站着睡或卧着睡，一般不闭双眼，少见卧倒靠地紧闭双眼睡觉。

2.4.8 探究行为

羊可以通过嗅觉、听觉来学习，一般山羊的记忆力要好于绵羊。例如，当羊缺盐时，会啃食土、废纸、化纤等物品，感觉不适将其吐出。经过训练，羊只会听从牧工指令或牧羊犬的指挥。羊的模仿能力比较强，如一只羊放牧归来，其他羊只随之而回；一只羊过桥，其他羊只也跟随而过。

2.4.9 异常行为

营养良好、身体强健、性欲旺盛的公羊在秋、冬季母羊发情高峰时，会出现自淫现象，对于人工采精的公羊尤为突出。此时，公羊的臀部倾斜，肩部隆起，两后肢弯曲，做出本交时爬跨的姿态，然后阴茎勃起，插入两股之间，不停地抽动而排精，久而久之，形成恶癖。

当羊只缺乏微量元素时，会采食金属片、聚乙烯薄膜、布片等不可消化的物质。这种现象如不及时制止，会造成羊只的异食癖。

2.4.10 后效行为

羊也具有后效行为，如采精公羊，见到身穿白色工作服的工作人员，就产生性欲，进而阴茎勃起。因此，需要经过适当的采精训练，达到公羊的性欲要求，才能获得公羊的喜爱，达到顺利排精的目的。

羊的适应性很强，具有耐粗、耐渴、耐热、耐寒、抗病力强等生物学特性。为了充分提高羊的生产力，强化利用这些特性非常必要，而且应与品种相结合。例如，在干旱贫瘠的山区、荒漠地区和一些高温地区，绵羊往往难以生存，山羊则能适应得很好。

第三章 农场动物集约化生产中存在的主要福利问题及对策

由于对生产性能的高度选育，现今高产农场动物品种对环境非常敏感，对适宜环境的需要也越来越高，但生产上为了追求经济效益，把农场动物当作"生产机器"，生产规模和饲养密度越来越大，连侧身躺下都得挤压着同伴的躯体或被同伴挤压，长期得不到活动使农场动物的体质和抗病力大幅度下降；它们排出的大量粪、尿、气体使农场动物舍的环境质量不断恶化，时刻威胁着农场动物的健康。这种高密度的饲养使农场动物应激反应普遍存在，而且应激程度越来越大，甚至使它们始终处于恶性的应激状态中，导致机体免疫力降低，动物对病原微生物极为敏感，致使各种疾病多发、并发，难以控制，造成发病率高、死亡率高、淘汰率高以及各种行为异常等。可见，现代高产农场动物品种对环境的高要求与不考虑农场动物自身需要的集约化高密度饲养工艺、管理方式引起的饲养环境恶劣之间的矛盾是目前养殖业面临的各种问题的直接原因。现代工业化农场动物生产系统对生产效率和投资效益（投入/产出）的追求决定了对动物福利问题的忽视。所以在组织畜牧生产时必须正视农场动物的应激反应及其引起的福利问题。只有重视农场动物福利，并把相关的研究成果和福利养殖的理念运用到生产实践中，才能提供优质的畜产品，减少人畜共患病，应对动物福利壁垒（对应于绿色环境壁垒），促进人和动物的友好共处、和谐发展。

3.1 农场动物集约化生产中存在的主要福利问题

3.1.1 猪

3.1.1.1 饲养密度过高

集约化、规模化猪场为节约空间成本，追求更高的经济效益，往往采用高密度的饲养方式饲喂猪只。但因饲养密度过高而带来的动物福利健康问题已经不容忽略。

采用高密度饲养方式的圈舍内猪排泄量增加，导致空气质量变差，尘埃、有害微生物数量升高，直接威胁猪只健康。这方面报道很多，例如，饲养密度高的后备种猪群平均采食时间、采食次数和采食量都会下降；长白仔猪和育肥猪随着饲养密度增大日增重均下降，异常行为增加，福利水平降低；饲养密度增大，猪只的探究行为减少，排泄物皮质醇含量升高，应激水平升高；育肥猪高密度饲养时打斗现象严重，体表伤痕显著增多。在饲养保育猪或育肥猪前期时，集约化猪场经常大量并窝，导致圈舍饲养密度过大。大多数研究发现，高密度的饲养方式对猪的生产性能、行为、身体损伤及生理状况产生不良影响。高密度的饲养方式也可能会导致猪群个体体重均匀度变差。夏季高密度的饲养容易引起猪只的热应激，对其生产性能及健康状况都会产生不良影响。

3.1.1.2 生存环境贫瘠

集约化猪场中，由贫瘠环境引起的猪只福利问题越来越受到人们的关注。由于猪场管理者缺乏动物福利意识，很少在栏圈中添加福利设施，导致猪只生存环境单调、贫瘠。而贫瘠的环境直接影响猪的生产和生理等状况。

生活在贫瘠环境中的猪很多正常行为（探究、筑巢等行为）得不到表达，相反表现出更多的异常行为，例如，空嚼、咬栏、打斗等行为。生活在单调环境中的猪较高的应激水平会对饲料转化率产生不良影响。研究发现，不同环境下9周龄猪唾液皮质醇浓度生理节律虽然没有明显差异，但到15周龄后，唾液皮质醇浓度的生理节律开始发生变化，到22周龄时，贫瘠环境中的猪唾液皮质醇浓度的生理节律反应弱于富集环境中的猪。皮质醇是生理应激的指标，在猪、鼠的慢性应激时表现出节律反应迟钝，所以贫瘠环境中猪的皮质醇浓度生理节律反应迟钝表明猪的福利水平受到了影响。此外，对比贫瘠环境与富集环境的猪发现，在迷宫实验中，贫瘠环境对猪的长期记忆能力有损害作用。

3.1.1.3 栏圈与环境设施问题

栏圈是猪只繁殖、活动、休息、采食、饮水等的生活场所，其设计是否合理，直接影响着猪的福利水平。2012年欧盟颁布禁令，自2013年起欧盟各成员国要用群养的方式饲养从怀孕第29天到分娩前一周的妊娠母猪，不得使用限位栏饲养。而在我国，为便于饲喂和管理，大多数集约化猪场仍旧采用限位栏的方式饲养妊娠母猪及哺乳母猪。限位栏的使用，存在着很多不利于猪只健康和福利的问题。

生活在限位栏中的母猪，由于空间有限，不能掉头而且活动受限。长此以往，妊娠母猪体质变差、跛残率和应激水平升高，最终可能导致妊娠母猪流产率升高；哺乳母猪正常行为得不到表达，母性变差、产程变长、仔猪死胎率及压死率升高。

目前，猪舍内主要使用漏缝地板（全漏缝地板、半漏缝地板和网状地板）和水泥地面（实心地板），如果地板设计不合理，会对猪只的健康产生不良影响。漏缝地板缝隙过窄，猪的粪便不能从缝隙中全部漏下，缝隙中残留的粪便不容易得到清除，堆积在地板上及缝隙中的粪便使得圈舍环境变差。漏缝地板缝隙过宽，会增加猪只肢蹄病的发生概率，而且会增大氨气等有害气体的挥发面积，影响栏圈内的空气质量。此外，如果母猪舍漏缝地板有毛刺或缝隙设计过窄，对母猪乳房损伤很大，影响母猪的使用年限。水泥地面属于冷地面，保温性差，对仔猪和生长猪生产性能影响较大。栏圈内水槽、料槽设计不合理，很容易被猪只粪尿污染，成为疾病的传染源。

3.1.2 蛋鸡

3.1.2.1 骨质疏松、肌骨脆弱和骨折

为了生产出更多的鸡蛋，通过基因筛选，商品蛋鸡问世。商品蛋鸡的祖先为红原鸡，每年产蛋数量为10～15枚，而商品蛋鸡每年产350多枚蛋。商品蛋

鸡产蛋率很高，而蛋壳形成需要钙的沉淀增加，造成钙的大量流失，进而导致商品蛋鸡频繁发生骨质疏松。骨质疏松与营养失衡、蛋鸡产蛋质量密切相关，也与蛋鸡不能自由活动难以保持肌骨健康有关，从而使得蛋鸡的骨骼更为脆弱、易骨折。骨骼脆弱、骨折会给蛋鸡带来疼痛。此外，骨折还会导致蛋鸡应激激增，影响其生物机能，减少活力，降低鸡蛋的产出质量和数量。各种饲养模式下的蛋鸡都可能面临骨质疏松和骨折问题。而导致蛋鸡骨骼脆弱的首要原因还是缺乏运动。传统笼养饲养的蛋鸡无法运动也无法栖息，它们的行动受到严重限制。这种极端限制蛋鸡活动的行为会导致蛋鸡骨骼脆弱及废用性骨质疏松。传统笼养饲养的蛋鸡骨折概率极高，说明这种蛋鸡骨骼状态最差，被捕捉时发生骨折概率更大。自由散养蛋鸡肌骨较健康，主要原因就是运动多。蛋鸡如果能够多运动，如走、跑、飞、扑翼，那么它们的肌骨健康就会得到改善，骨质疏松发生概率会变小，受捕捉时骨折概率也会降低。但还有一些情况也可导致骨折，如摔落，或在栖架、料槽、水槽和产蛋箱间来回活动时受伤。通常，富集鸡笼为蛋鸡提供栖架供它们栖息，改善骨骼健康，与自由散养蛋鸡和传统笼养饲养的蛋鸡相比，饲养在富集鸡笼的蛋鸡肌骨最为健康，骨折概率最小。这是因为散养蛋鸡面临更为复杂的外部环境，供它们休息的栖架可能粗制滥造、常年失修；饲养在传统笼养的蛋鸡则完全没有休息栖架。

3.1.2.2 足部疾病

蛋鸡足部疾病包括足趾皮炎、禽掌炎、脚部角化过度症和趾部过长症。蛋鸡足趾皮炎是指蛋鸡脚底溃烂的一种疾病，与接触潮湿的垫料有关。禽掌炎是由局部感染导致的足底严重发炎和肿胀，常常引发疼痛和跛行，易感因素包括栖架设计、卫生条件及环境湿度。如果鸡舍栖架和垫料潮湿，那么蛋鸡患禽掌炎的概率相比干燥环境会高出多倍。因此鸡舍管理的重心应该放在保持地面干燥和及时防止粪便堆积方面。脚部角化过度症是指鸡脚部和趾部底侧外层皮肤增厚的一种疾病，常发生于传统笼养，其中底网倾斜或质量差是关键因素。蛋鸡趾部过长症大多也出现于传统笼养，因笼底没有稳固的落脚点，蛋鸡无法牢牢抓住站稳，鸡趾就会过度长长，这样过长的鸡趾容易被卡，损伤周围组织。

3.1.2.3 传染性疾病

防控疾病和寄生虫是保障良好动物福利的基础。病毒和细菌类传染性疾病、球虫和蠕虫类肠寄生虫疾病、螨虫类体外寄生虫疾病可发生在任何一种饲养模式下，但在饲养密度高、饲养规模大和使用垫料的饲养模式下，蛋鸡疾病传染率最高。通常，细菌感染、病毒感染、球虫病和红螨病高发于垫料平养和自由散养鸡舍，而非笼养鸡舍。接触垫料、粪便、土壤以及啮齿动物和昆虫类的传病媒介都会增加蛋鸡患传染病的风险。舍外散养的蛋鸡因接触野生鸟类而感染如禽流感、鸡新城疫的传染病概率更大。红螨常常出现在草丛中，因此舍外散养蛋鸡患寄生虫病的概率大增。当然，野生鸟类也可能直接传播寄生虫病给舍外散养蛋鸡。

3.1.2.4 活动受限及自然习性无法表达

3.1.2.4.1 活动受限

蛋鸡具有强烈的动机表达觅食、栖息等自然行为。若饲养条件限制这些行为表达，它们就会感到挫败和压抑，还会造成身体危害，例如引发的啄癖行为导致体表损伤。传统笼养蛋鸡活动受到严重限制，不能充分活动，容易发生骨质疏松，而且调节体温的能力变差。富集鸡笼给蛋鸡提供较大的活动空间，还装备有栖架、封闭的产蛋箱、垫料和人工磨爪垫，相比传统笼养，蛋鸡健康状态更好。散养模式能给蛋鸡更多空间释放天性，但同时也让它们更容易出现骨质疏松、罹患疾病，因为室外环境复杂，存在天气、植被、地形、天敌等一系列不确定因素，散养区状态（植被、遮阳）、鸡群规模（密度）和放养时段、鸡舍出入口大小也会影响蛋鸡散养效果。

3.1.2.4.2 栖息

栖息是蛋鸡的本能行为。蛋鸡使用栖架栖息动机强烈，而且更倾向于夜晚栖息。如果夜间这一需求得不到满足，蛋鸡会焦躁不安；再如果蛋鸡全天都无法接触到栖架，后果则更为严重，它们会感到挫败，福利状况也会降低。装备栖架被证实有很多好处：增强蛋鸡骨骼力量；改善蛋鸡胆怯的性格、降低蛋鸡的攻击性；为蛋鸡提供躲避攻击者的空间；减轻互啄状况；提高空间利用率；降低地面蛋鸡的饲养密度。若无法栖息，蛋鸡的肌骨健康就会受到损害。蛋鸡若未能在幼年接触栖架，肌肉力量会降低、运动技能不足、平衡感下降、空间认知能力会受损，将对蛋鸡福利产生长期的不良影响。

3.1.2.4.3 筑巢

筑巢是蛋鸡的一种固有自然行为，受到其排卵期生殖激素变化的调控。现代蛋鸡虽然就巢率低，但还是具有寻找安全隐蔽处、筑巢然后等待孵蛋的行为需求，并且不随其年龄的增长而改变。传统笼养蛋鸡因为没有机会进行产蛋前筑巢活动，会感到十分挫败，常表现为机械性的重复踱步、发出奇怪的叫声、延迟甚至停止产蛋。与倾斜的铁丝网相比，蛋鸡更愿意在成型的产蛋箱中产蛋，特别是在产蛋前20分钟，蛋鸡靠近产蛋箱的愿望非常强烈，是禁食4小时后采食需求的2倍。若这一需求得不到满足，蛋鸡福利就会受损。产蛋箱为蛋鸡提供了一个不受打扰的产蛋环境，让蛋鸡在产蛋前更加放松，甚至可以减少啄肛和同类互残。为了帮助蛋鸡减压，为它们如数提供大小适中的封闭产蛋箱非常必要。现如今，世界各国的动物福利标准都要求为蛋鸡提供必要的生产条件，例如新西兰、加拿大还有欧盟成员国都规定鸡舍必须装备产蛋箱。

3.1.2.4.4 沙浴

蛋鸡几乎每隔一天，就会通过沙浴清洁羽毛，去除羽毛上老化的油脂。这种本能行为还可以帮助蛋鸡摆脱寄生虫、保持羽毛清洁。禁止蛋鸡沙浴除了使它们感到挫败以外，还会导致其啄癖行为加重，损害其福利状况。传统笼养模式无法为蛋鸡提供沙浴的条件。在这种情况下，有的蛋鸡可能会出现"假性"沙浴行为——仅仅表达洗尘动作，但无法产生沙浴需求满足后的正面效果。无法沙浴的蛋鸡羽毛的卫生情况、防水性和绝缘性也会变得更差。被剥夺沙浴机会之后，蛋鸡沙浴的欲望会变得更为明显和强烈，一旦提供沙浴的条件，蛋鸡就会迫切地表达沙浴行为，从而改善其福利水平。有的富集鸡笼内设有人工草皮，其上放置垫料，供蛋鸡觅食、沙浴，但能否产生非常好的效果，还得看放置的垫料数量是否足够或能否得到及时更换，否则垫料过少会导致蛋鸡应激，较弱的蛋鸡更受影响。可见，鸡舍是否备有垫料、垫料质量好坏都严重影响蛋鸡的沙浴行为。

3.1.2.4.5 觅食与探寻

觅食是蛋鸡与生俱来的习性。蛋鸡常常频繁地使用垫料、倒在料槽的饲料表达抓草、啄草、啄食动作，以满足自身的觅食行为。研究发现，备有垫料的鸡舍相比无垫料鸡舍，蛋鸡每天花在抓草和啄草上的时间较多。设计蛋鸡的饲养环境时，垫料是一个非常重要的考虑因素。比起铁丝笼底，蛋鸡更加青睐于垫料，尤其笼养蛋鸡对垫料的需求更为强烈。舍外散养的蛋鸡表达觅食等活动的机会更多，它们偏爱在修建充分、进出方便、阴凉之处进行各种先天性本能活动，而且在饲养密度适宜时，更能提高自身活动量、改善与同伴间的关系、增强彼此间的互动。传统笼养蛋鸡无法觅食、探寻和运动，富集鸡笼饲养的蛋鸡在垫料不足或没有得到及时更换的情况下，觅食需求也无法得到完全满足。

3.1.2.5 啄癖与剪喙

3.1.2.5.1 啄癖

啄癖被认为是世界各国蛋鸡养殖业最严重的福利问题之一，也是导致蛋鸡死亡的主因，与蛋鸡承受的应激过大有关，且对攻击方和受害方的福利状况均会产生不良影响，特别是受害方。撕扯羽毛会使蛋鸡感到疼痛、恐惧，损伤蛋鸡的羽毛，导致其大片脱落，严重时甚至死亡。鸡群中，小部分蛋鸡可能会长期成为这一行为的受害者，它们一直受到欺压，胆小，应激反应大，有时无法进食和饮水，需要向其他同类寻求庇护。笼养、舍内平养、舍外散养等饲养模式都可能出现啄癖情况，其在鸡群的传播速度与鸡舍设计、鸡群体大小以及具体的饲养管理方式有关，评估蛋鸡福利时，必须加以考虑。

3.1.2.5.2 剪喙

剪喙是家禽产业最常用于控制啄癖行为的方法，以防止啄癖给蛋鸡带来的伤害，但剪喙是否能达到这一效果还没有得到充分验证，还遭到动物福利界的讨伐。剪喙会刺激蛋鸡喙部的痛觉接收器，给家禽造成剧烈的疼痛。剪喙后残留部位可能会长出神经瘤，对蛋鸡造成慢性伤害，还会使蛋鸡的进食功能减退，导致蛋鸡感知反馈能力下降。采用红外线在雏鸡出生后剪喙被认为可以减少这种操作的负面影响。雏鸡喙部复原能力较强、体积较小，会给剪喙带来困难。如果剪得太多，蛋鸡进食功能会受到影响，死亡率也会增高。如果剪得太少，蛋鸡的喙很快就恢复到原来的长度，无法达到满意效果。

3.1.2.6 饲养管理

3.1.2.6.1 饲养员的管理能力与态度

任何饲养模式下，鸡场的管理都极大影响着动物福利。粗暴对待蛋鸡可能会使其免疫功能下降，造成挫伤、关节错位甚至骨折。相反，善待动物、管理优良的鸡场不但能改善蛋鸡福利，还能取得更好的生产效率和经济效益。

3.1.2.6.2 雏鸡的饲养

雏鸡阶段的经历会对成鸡的行为造成影响。如果雏鸡曾接触栖架和地板，它们长大后使用这两个设施的能力就会大幅增强。在没有栖架的单一环境下培育的蛋鸡会难以适应料槽、水槽、栖架和产蛋箱等设备。蛋鸡的骨骼状况也与其雏鸡阶段的运动量息息相关。若早期能进行栖息、觅食，蛋鸡的肌骨健康和栖架的使用能力长大后也会得到改善和提高，进而有利于减少啄癖行为的产生。幼鸡如果经常接触多样化鸡舍设施、人类，长大后就不易感到恐惧。此外，人工孵育时，为雏鸡提供与母鸡孵育条件相似的光照时间以及较暗的光照强度、充足多样的环境也有利于增强蛋鸡的胆量，减少啄癖行为的发生。与笼养蛋鸡相比，散养蛋鸡平日受到的刺激更多，因此不易感到恐惧。

3.1.2.6.3 鸡群规模与空间容量

鸡群规模与空间容量对蛋鸡福利而言十分重要。如果鸡群规模适宜，蛋鸡能够识别鸡群里的同伴，并与同伴形成合理、稳定的层级关系，那么它们就生活在一个积极的社会环境中，抗压能力就会大大增强。传统笼养鸡群规模很小，弱势蛋鸡躲避强势蛋鸡的机会很少，可能导致前者长期处于恐慌之中，甚至导致其受伤或死亡。在环境复杂、规模较大、空间充足的鸡群中，蛋鸡躲避强势者、寻求庇护的可能性更大。啄癖、互残在大规模的鸡群内传播速度也非常快。就目前研究的证据看，蛋鸡数量为10～60只的鸡群规模最为理想。

3.1.2.6.4 料槽与水槽

料槽与水槽等设施的摆放位置、饲养密度决定蛋鸡是否能摄取充分的食物和水。料槽太小会限制同时进食的蛋鸡数量，使蛋鸡相互竞争；鸡笼内饲养蛋鸡数过多，饲料和饮水会供不应求，弱势的蛋鸡无法采食到充足的食物。散养模式下，如果蛋鸡饲养密度过大，蛋鸡的活动量、采食量和饮水量同样也会降低。栖架等设施放置过偏，蛋鸡无法接近，它们就会感到烦闷。

3.1.2.6.5 饲料

蛋鸡饲料的配方、形状以及配方的突然改变，都严重影响蛋鸡的行为。营养不良会刺激蛋鸡对周围环境进行探寻，突然改变饲料配方会给蛋鸡带来压力、饲喂不溶性纤维含量过低或缺乏粗纤维成分的饲料都可能导致啄羽、啄癖行为。

3.1.2.6.6 空气质量

饲养密度较大的鸡舍内灰尘和氨气含量通常很高,造成鸡呼吸的空气质量低下。鸡舍中氨气含量高会损伤蛋鸡肺部和气管,增加传染病暴发概率,也会影响饲养人员的健康。蛋鸡无法适应高浓度的氨气,常会做出躲避的姿态,寻找空气清新的地方休息,就算长期暴露在高浓度氨气环境也不会改变。

3.1.2.6.7 光照

尽管鸡舍光照强度低有利于减少蛋鸡啄癖行为。但是,光照强度低的鸡舍比较昏暗,会影响蛋鸡的眼部健康,尤其≤5勒克斯时鸡眼会变大,有损蛋鸡视力,限制蛋鸡活动。例如,减少蛋鸡表达梳羽和觅食行为、延长蛋鸡休息时间,还会增加蛋鸡的骨折风险(活动相关,因看不清),导致蛋鸡烦闷、痛苦、行为异常、死亡率增加。养殖人员在较暗的灯光下也无法有效监测蛋鸡的行为。

3.1.3 肉鸡

3.1.3.1 基于快速生长的选育导致的健康缺陷

遗传选育和营养改善已经促进了商品肉仔鸡生长率的迅速增加,但也带来了许多问题,如骨骼生长的缺陷,结果造成腿病的发生,降低了肉仔鸡福利水平。腿部异常的肉仔鸡要遭受许多折磨,它们大部分时间都是躺着度过的。研究认为,肉仔鸡变得极其怠惰,仅在5~7周龄时,它们躺着度过的时间就占76%(没有腿病)~86%(有腿病),其正常采食模式被打乱,很少采食,采食后又要间隔较长时间才再次采食。大多数肉仔鸡似乎只要走动,就会引起疼痛,这些疼痛改变了其行为模式,增加了恐惧的程度,甚至阻止了肉仔鸡采食和饮水,这些变化都表明肉仔鸡的福利在下降。

研究认为,主要问题是肉仔鸡的腿骨不能很好地支持它们厚重的身体。它们的肌肉增长得非常快,而腿部肌肉的生长速度跟不上身体其他部位的生长速度。肉仔鸡的快速生长超过了骨骼所承受的压力,所以在出栏前最后10~15天,它们骨骼的生长严重变形,这是非常疼痛和难受的。

作为选育的结果,肉仔鸡的心脏和肺脏通常也跟不上它们身体的快速生长。当肉仔鸡仅1周龄时,它们就经常遭受心力衰竭。在欧洲,急剧的心力衰竭即人们所知的猝死症(SDS),死亡率达0.1%~3%,严重地降低了肉仔鸡的福利。

肉仔鸡遭受两种形式的心力衰竭，即人们所知的腹水症和猝死症。这两种疾病非常普遍，可能是由于肉仔鸡在选育过程中，把全部能量都用在快速生长和提高饲料转化率上，从而导致它们体内缺少必要的氧气，以至于心脏不得不超负荷工作。患病肉仔鸡腹部皮肤可能变红，并且腹部肿胀，充满了腹水。肉仔鸡不得不急促地呼吸，造成肺脏堵塞。全球有将近5%的肉仔鸡患腹水症，成为肉仔鸡心力衰竭致死的重要原因。

3.1.3.2 环境及营养饲养因素导致的福利问题

3.1.3.2.1 饲养密度

对不同饲养密度下肉仔鸡行为的研究表明，随着密度的增加，肉仔鸡的运动越来越少，很少进行抓刨垫料和走动、打扮等活动。因此建议，即使是在最好的小气候控制条件下，肉仔鸡饲养密度应该小于30千克/米^2（15只/米^2），在通风和管理条件较差的鸡舍内，应该以低密度来饲养。

高密度限制了肉仔鸡的行为和导致健康问题。高密度导致腿病增加以及胸部水泡、慢性皮炎、腿关节灼伤（hock burn）和传染病的发生。拥挤的鸡舍使得垫料变湿，增加了氨气和灰尘微粒的污染，难以进行温度和湿度控制，损害了肉仔鸡的健康和福利。研究认为密度小于25千克/米^2（12.5只/米^2）时，肉仔鸡的大部分福利问题都可以避免；密度超过30千克/米^2（15只/米^2）时，福利问题发生的频率直线上升。饲养密度在一定范围内，有利于提高经济效益与福利，超过这一范围，增加饲养密度就会极大地损害肉仔鸡的福利。如果饲养密度继续增加，将达到一个拐点，从这个拐点开始，微小密度的增加将对肉仔鸡造成极大的危害，严重影响其健康和福利水平，且鸡的个体生产性能下降。用这个拐点来确定"福利标准"非常有意义，因为在这个点上，以最小的"福利代价"达到了农场回报的最大理论值。超过这个拐点，继续增加饲养密度，需要增加更大的"福利代价"来获取相对小的利润。

超高的饲养密度增加鸡舍的温湿度控制、通风的难度。拥挤的肉仔鸡与潮湿的垫料增加了过热和高湿度的风险性。试验发现，饲养密度为28~40只/米^{2}时，发现肉仔鸡从第3周或第4周开始出现有规律地喘息，并且以后喘息逐渐增加。在高密度时，肉仔鸡极其拥挤，若舍内空气流通很差，喘息更加严重。舍内温度、垫料表面和内部温度的测定表明，密度为40只/米^{2}时的舍内温度显著高于密度为 19 只 / 米² 时的舍内温度。在密度为 40 只 / 米² 时，肉仔鸡舍的温度为 29 ℃，远远高于 5 周龄成年肉仔鸡 19～21 ℃ 的推荐温度。

最近的试验结果表明，提供给肉仔鸡适宜的营养及环境条件比饲养密度本身对肉仔鸡的影响更大。

3.1.3.2.2 通风和温度控制

良好的通风可以把温度和湿度控制到肉仔鸡舒适和安全的水平。通风不良时，肉仔鸡可能遭受热应激而死亡。合理的通风可以有效地减少热应激的产生。控制舍内的温度和湿度，也是决定垫料与舍内空气质量的重要因素。通风系统的设计对肉仔鸡福利有重要的影响，因为它可以提供给肉仔鸡足够的氧气，也可以维持较好的空气流通，驱走过多的氨气、一氧化碳、二氧化碳、湿气、灰尘和热量，防止肉仔鸡暴露在污染的环境中，从而避免污染物质的危害和机体抗病力的降低。快速的空气流动可以用来调节高温的影响，在寒冷季节，通风系统又可提供足够预热的空气来为肉仔鸡保暖。

现代肉仔鸡舍内应能很好地控制温度，避免温度过高或过低，使肉仔鸡遭到热应激和冷应激，从而影响肉仔鸡的生产性能和福利。温度控制系统必须既能够升温又能够降温，来维持肉仔鸡健康和福利所需的温度；设备必须提前预热来接雏，从而确保不会伤害肉仔鸡的福利；当 5% 或更多肉仔鸡表现出持续喘气时，应迅速采取行动来降低环境温度；应每天记录最高、最低温度，注意不好的或潜在的应激。

3.1.3.2.3 饲料和饮水

饲料和饮水是维持肉仔鸡高福利水平的重要组成部分。除了屠宰当天，必须每天提供给肉仔鸡适量的饲料；饲料不应该存在不适当的成分，以免对肉仔鸡造成伤害；必须提供给肉仔鸡全价饲料和营养，使得所有肉仔鸡都可以维持好的健康，满足它们的生理需求，避免肉仔鸡的代谢和营养失调。

提供清洁、没有病原体、新鲜的饮水对于保持良好的肉仔鸡福利来说是很重要的。饮水量与肉仔鸡日龄、采食量、环境温度和湿度、日粮和营养成分、群体健康和生产管理（如接种疫苗）有关，也可能受到饥饿和应激周期的影响。日常耗水量可以作为潜在问题出现的早期预警参数，因此水表是一种必要的管理工具。饮水必须与喂料相统一，这样可以减少过多的饮水，维持垫料的质量。

3.1.3.2.4 光照

光照对于家禽来说是一种重要的管理工具，它包括光源、强度、波长和光周期。视觉对肉仔鸡非常重要，因此改变光照对肉仔鸡福利有重大影响。

光照较低、环境昏暗会降低肉仔鸡体增重、导致眼睛损害、增加死亡率、引起生理学变化等福利问题，因此有必要增加光照促进肉仔鸡运动和减少腿病。光照过度对肉仔鸡也是有害的，光照强度超过150勒克斯，肉仔鸡就会降低体增重，增加好斗行为。持续光照制度有许多缺点，肉仔鸡较少活动，腿部问题更加普遍，也容易发生眼睛损害、代谢问题；肉仔鸡的休息被打扰，引发生理应激。总之，渐增或间歇光照制度比持续的光照制度更能提高肉仔鸡的福利。间歇光照制度，即光照和黑暗交替的灯光管理制度，能有效地降低这些问题的出现频率。

提高肉仔鸡福利，光照管理需要做到以下几点：必须有充足光照来让肉仔鸡可以观察到同伴、熟悉环境、找到饲料和饮水；在生长期，光照可以降低到10勒克斯（从肉仔鸡头部高度测量）；在检查期间需要提高至20勒克斯，来刺激肉仔鸡适当的活动，这样可以更容易地暴露福利问题；自然或人工光照应均匀地分布以避免局部过度拥挤。间歇光照或改进的光照模式可提高肉仔鸡的福利，在发生腿病或猝死症的情况下更是如此。

具体来讲，入雏后，需要3～4天来训练肉仔鸡适应每天至少持续1小时的黑暗，来防止突然断电对肉仔鸡造成的应激；之后可以采用间歇光照制度，每天至少4小时黑暗；最初3天，光照强度至少应该为20勒克斯（从肉仔鸡头部高度测量），来帮助肉仔鸡发现饲料和饮水；3天后，强度至少为10勒克斯；肉仔鸡出栏前2～3天，光照制度恢复到一天至少1小时的黑暗。

3.1.3.2.5 垫料质量与皮肤炎症

怠惰的肉仔鸡长时间卧在垫料上，其大腿和胸脯直接接触垫料，垫料如果是湿的，将导致胸部水泡、腿关节灼伤、脚垫皮炎等皮肤损伤与氨气灼伤。在过去30年里，这些不同形式的接触性皮炎非常普遍，增加了许多肉仔鸡的福利问题。最初的皮肤损伤会导致皮肤变色，继而导致溃疡，流出液体，很快伤口就会被垫料和排泄物所覆盖。这些损伤部位就成了细菌进入肉仔鸡体内的门户，进而导致关节炎症。研究认为，接触性皮炎是一个相对普遍的问题，可以影响群体中许多个体。接触性皮炎与拥挤、限制运动、腿病、垫料质量较差有关。

3.1.3.2.6 氨气

潮湿与高温相结合，促进了细菌的生长，在这个过程中细菌分解有机物质产生氨气。氨气是一种高刺激性、有毒的气体，其生成与垫料湿度密切相关，因此很难把这两种因素的影响孤立开来，氨化物和湿垫料是大多与饲养密度相关的家禽健康和福利问题的主要原因，例如，可增加地面饲养系统中的肉仔鸡皮炎、传染性呼吸道疾病和腹水症的发生。氨气浓度为 10 毫克/升时，就对鸡气管有刺激作用；氨气浓度达到 50 毫克/升时，已经观察到中毒现象和气管炎的发生，这些气管与肺脏的损害致使肉仔鸡更容易遭受大肠杆菌等细菌的感染，从而对肉仔鸡的生产性能和福利造成较大的影响。

氨气的这些影响容易造成肉仔鸡应激、疼痛，因此在肉仔鸡福利指南中，控制舍内氨气浓度已经成为一个重要的问题。为了消除这些问题，建议的氨气浓度不应该超过 20 毫克/升。

氨气是在垫料潮湿的基础上，由排泄出的粪尿中微生物的活动产生的，因此影响垫料潮湿和粪便产生的任何因素将影响舍内氨气的产生率。生产系统中水的溢出将严重影响垫料的湿度。选用的饮水设备不同，水的溢出程度就不同。乳头饮水器的密封和防泄漏效果较好，可产生较少的湿粪便，这就是强烈推荐使用乳头饮水器的原因。日粮成分也影响氨气的产生与肉仔鸡的健康。大约 18% 的饲料氮将以氨气的形式释放到空气中，因此，高蛋白水平日粮可能对皮炎的发生有直接的影响。另外，日粮因素对垫料的质量也有负面的影响，或者导致饮水增加，使粪便变湿，或者使粪便变黏。日粮中高水平的钠、氯化物或钾都导致饮水增加。饲喂过量大豆粕时，能增加水分消耗，因为它含有较多的钾元素。高脂肪日粮，特别是由消化率低的脂肪原料配制而成的日粮会增加食糜中的油脂，造成脂肪消化或吸收率降低，排出增加，使垫料黏度增加，黏住皮肤，更容易引起皮炎的发生。

总之，任何减少氨气浓度的方法，例如使用低蛋白日粮、配置乳头饮水器、鸡舍通风量与肉仔鸡密度相匹配、选用吸水能力强的垫料、在日粮中添加吸湿性物质来减少过量饮水等，都对鸡舍氨气浓度维持在较低水平产生积极效果，进而提升肉鸡福利及生产性能。

3.1.4 奶牛

3.1.4.1 饲养密度大

随着奶牛养殖数量的增多，有些牛场为了降低生产成本，往往会采用高密度的养殖方式饲养奶牛，这很大程度地影响了奶牛的健康与福利水平。如果饲养密度过大会限制其自由活动，牛只可能就会产生应激，并表现出异常行为。饲养密度越大，单位空间内饲养的牛只越多，呼出的二氧化碳量就越多，如果通风不良，则会导致牛舍空气质量下降、氧气含量降低，奶牛长期处于缺氧环境下，其免疫机能以及生产性能就会受到损害。奶牛养殖数量大，排泄废物增多，会使舍内氨气含量增多，长期低浓度的氨气中毒也会使奶牛健康受损，生产性能下降。饲养密度过高，牛舍中病原菌易大量繁殖并传播，奶牛在牛舍中活动，感染乳房炎的风险也会增加，使奶牛感觉到疼痛、不适，降低福利水平，同时也会影响牛场经济效益。

3.1.4.2 饲养设施达不到福利要求

3.1.4.2.1 地面

在集约化规模化的养殖环境下，奶牛主要在牛舍内活动，其在行走、站立、休息时是否舒适，地面环境是否干净卫生，都影响着奶牛的健康。混凝土是牛舍卧栏和通道最常见的地基材料，新的混凝土地面容易造成奶牛擦伤，旧的混凝土地面又容易使奶牛滑倒，再加上地面设计不佳，易导致肢蹄磨损或其他伤害，因此很可能对奶牛的福利造成影响。为了方便清理粪污，现在有很多奶牛场使用漏缝地板，但是由于漏缝地板采用水泥、塑料或金属等材料制成，硬度较大，会对牛的腿、蹄、肘及乳房等部位造成危害，增加乳房炎、肢蹄病的发生，对奶牛造成伤痛，也会造成生产性能的下降。

3.1.4.2.2 卧床

反刍行为和休息行为是奶牛行为中的重要部分，能直接影响奶牛的消化、吸收、健康和生产性能。奶牛每天有 50%～60% 的时间趴卧在卧床上休息和反刍，充足的休息可以增加采食量和产奶量，增加反刍效果，减少对蹄的压力和跛行的发生。卧床作为奶牛的重要休息场所，其舒适度影响着奶牛的休息时间。研究发现，在舒适度较高的卧床条件下，奶牛每天多躺卧 4 小时，且更愿意站起来以及调整姿势，而在低舒适度卧床条件下，奶牛更多时间是处于漫无目的的站立状态。牛床的尺寸不适宜，或者牛床垫料使奶牛感觉不舒适，都会使奶牛躺卧时间减少，影响奶牛的休息、反刍，从而对产奶性能造成影响。同时也有研究表明，牛床舒适度等级越低，越容易发生乳房炎、肢蹄病等疾病。

3.1.4.2.3 饮水设施

在现代化规模化的奶牛养殖过程中，科学化的日粮配制基本能够满足奶牛的需要，但是饮水的重要性很可能会被忽略。然而，对于奶牛的健康和生产来说，充足优质的饮水是至关重要的。当前奶牛场对奶牛饮水方式重视程度不够，易出现水质差、水温过低、饮水器配置不合理等问题，这使得奶牛不能获得充足清洁的饮水，影响奶牛的福利，不利于奶牛健康，同时也会造成产奶量下降。

3.1.4.2.4 运动场

运动场是奶牛运动、休息、乘凉的场所，牛在挤奶、饲喂后需要到舍外进行自由活动、休息。当前有很多牛场的牛舍不配备运动场，或者有些运动场的地面材质不适，表面凹凸不平，如遇阴雨天气易造成粪污积存，蹄部长期浸没在其中，易造成损伤。在地面有坚硬突起的运动场上休息起卧，乳房也易受外伤而引发乳房炎。运动场地不舒适，泌乳牛运动不足，会严重影响其食欲和体况，从而降低采食量和产奶量，增加肢蹄病发生率，降低奶牛受胎率，而改善泌乳牛的运动场地，使之充分放松运动，可提高采食量，延长泌乳高峰期时间，从而提高产奶量。适宜的运动场地也可增强体质，改善体况，降低肢蹄发病率并且提高治愈率。

3.1.4.3 人员操作管理问题

在畜牧业生产中，家畜的生活完全依靠于养殖人员的饲养和管理，人畜关系是畜牧业生产中的主要关系。大量研究表明，饲养人员的行为和态度对农场动物的福利和生产性能有重要影响。饲养人员操作管理不当，很容易使奶牛产生应激和恐惧。在应激条件下牛的体液免疫和细胞免疫会发生变化，导致奶牛患病率上升，当奶牛处于恐惧状态时，会造成产奶量下降30%，并影响妊娠率和乳体细胞数。在饲养过程中，饲养人员可能会经常采取粗暴的行为对待奶牛，这都会影响奶牛的健康以及产奶性能。在驱赶奶牛去挤奶的过程中，因地面较滑或空间较小，饲养人员经常会采取较为暴力的方式来加快奶牛的行进速度，易使奶牛拥挤和产生应激，影响挤奶效率以及奶品质。奶牛对恶劣的人畜关系会形成恐惧记忆，当再次遇到相同的饲养人员时，会出现躲避行为，不利于牛场的管理。

3.1.5 羊

自 20 世纪 90 年代以来，随着国家退牧还草政策的实施，我国养羊主产区开始大力发展规模化舍饲经营，养殖结构发生了翻天覆地的变化，草原放牧羊和农区舍饲羊的比例由禁牧前的 9∶1 变成了目前的 3∶7，农区舍饲羊生产已占据羊产业的核心地位，但不当的舍饲常常会出现许多动物福利问题。

3.1.5.1 滥饲乱喂

动物福利的一个基本要求是给动物提供符合营养需要的日粮。饲喂的日粮不能影响动物的健康，日粮营养要平衡，要求满足羊各生长或繁殖阶段的营养需要。日粮发霉、营养素不平衡、农药残留超标、非法添加违禁药物和饲料添加剂（如抗生素以及高剂量铜、锌、铁、砷等制剂），都会使动物处于非正常健康状态，累积到一定程度，则会造成中毒，加大机体代谢负担和崩溃风险。

3.1.5.2 饮水不洁

给羊提供清洁、卫生的饮水是保障羊福利的基本要求。尽管大多数农区规模化养羊场已经装备了自动化恒温饮水设备，羊只随时都能喝上干净、温度适宜的饮用水，但是在我国许多老少边穷干旱落后地区，人畜饮水问题还没有得到有效解决，在羊饮用水中常常会检验出致病微生物、超标的有害金属元素。

3.1.5.3 环境不良

饲养动物的环境一般指与动物关系极为密切的生活与生产空间以及可以直接、间接影响动物健康的各种自然的和人为的因素。动物环境不符合动物福利的要求可能成为动物疫病发生与传播的诱因。其中舍饲环境的舒适性对羊只健康具有非常大的直接影响。倘若羊只一直处于高热环境中，就会出现体温失衡、呼吸频率加快、反刍次数显著降低等现象。值得一提的是，我国养羊主产区之一的内蒙古自治区，仍然是以小规模分散饲养为主。据统计，内蒙古各类养殖场、养殖户总数达到 180 万家，其中年出栏 30 只以下的养羊场、养羊户却有近 135 万家。大部分中小养羊户羊舍比较简陋，很多都是利用复合板等材料搭建而成，防风保温效果很差，有的养羊户甚至把羊随意养在家中庭院。但是，内蒙古地处我国北方，冬季气温低、风大，羊只发生寒冷应激的问题非常严重。此外，大部分羊舍通风换气差，尤其是以短期收益为目的的育肥羊场，羊舍内空气浑浊，有害气体往往超出标准要求的上限，严重影响羊只的环境福利。同时，育肥羊场的粪污常常出栏一批羊清理一次，羊圈舍粪污灰尘污染非常严重。

3.1.5.4 防疫意识和设施薄弱

在我国经济不发达的边远农村、牧区，许多当地人都是利用房前屋后空闲地进行小规模饲养，卫生条件差。有些饲养场毗邻交通要道、其他畜禽饲养场、畜禽交易市场、动物医院和屠宰场，这样的生产环境极易造成动物疫病的发生和流行。由于防疫条件不好，引发许多动物疫病，直接影响动物产品的卫生质量，对人类健康造成威胁。

3.1.5.5 饲养空间拥挤

动物福利要求应当为动物提供足够的生存与活动的空间，使其能够自由地表现正常行为。但是，为了提高生产效率、降低生产成本，对羊常常进行高密度饲养，造成羊拥挤，活动不便，没有自由，不能表现其正常行为，还有可能造成动物焦躁不安、互相攻击，进而受到伤害甚至死亡，更无法进行有效的社会交流。空间拥挤还会造成羊的运动时间减少，羊出现行为呆板、啃食异物等异常行为，而且羊采食也会受到干扰，从而影响其生长速度，甚至会导致发情、繁殖受阻。

3.1.5.6 长途运输

长途运输也可以给动物造成动物福利问题。运输作为现代肉羊产业一项必不可少的环节，相比养殖环节尽管时间短，但面对停食停水、捕捉、混群装载、路途颠簸及拥挤、卸载等叠加因素，羊只极易出现持续的应激反应，造成动物的痛苦、损伤甚至疾病。此外，大声呵斥、脚踢棒打等粗暴捕捉、野蛮装卸的情形时有发生，造成动物惊恐万分，不但无法达到人、羊配合，降低装车、运输效率，还可能造成羊只挤聚受伤或与人发生冲突受伤。

3.1.5.7 粗暴屠宰

按照动物福利标准的要求，屠宰食用动物必须采用人道的方法，动物要依次进入屠宰间，用高压电迅速击晕，然后再进行屠宰，以避免或减少动物的恐惧、痛苦与刺激。研究表明，在屠宰食用动物时，如果采用人道的方法使动物无恐惧、无痛苦地死亡会大大提高肉品的质量。从生理学角度讲，如果动物在屠宰过程中受到较大刺激，包括目睹其他动物被宰杀的过程、听到其他动物被宰杀时发出的惨叫声，就会使动物处于高度紧张状态，产生严重的应激反应，分泌出大量肾上腺素等有害物质，出现免疫力下降、胃溃疡、疲惫、组织出血、坏死、突然死亡等症状，同时诱发产生PSE肉（苍白、多汁、柔软肉，白肌肉）和DFD肉（黑色、坚硬、发干肉，黑干肉）。人食用了这样的肉品会危害身体健康。

3.2 农场动物福利问题改善对策

农场动物好的生存条件包括基本的物质需求（饲料、水、庇护所、健康、安全）和展示自然行为的需求。现在问题是，怎样做才能满足农场动物物质和行为的需要？最好的措施之一应该是群体的健康管理。通过提供好的舍饲条件、营养、疫苗和生物安全，确保农场动物生存在良好环境中，以减少应激、伤害和疾病。下面介绍一些可以促进和改善农场动物健康和福利的基本管理措施。

3.2.1 猪

3.2.1.1 设计合理的饲养密度及群体规模

3.2.1.1.1 设计合理的饲养密度

合理的饲养密度及群体规模，不仅能提高猪只的福利水平，还能有效地提高猪场效益。

猪只对其生存空间的需求主要取决于猪的日龄、体重和姿势，站立、躺卧等不同姿势所需的空间也不相同，但可根据公式 $A=k \times W^{0.666}$ 计算，其中 A 为面积（单位：米^2）；W 为猪的体重（单位：千克）；k 为不同姿势需要的面积系数（单位：米^2/千克），站立、俯卧、侧卧时的面积系数分别为 0.02、0.02、

0.05，为避免打斗，需要的面积系数为 0.11。2007 年我国原农业部颁布的《标准化规模养猪场建设规范》（NY/T 1568—2007）规定了各种猪群应符合的饲养密度（表 3-1）。有研究综合分析不同密度饲养的育肥猪福利和猪场效益后发现，1.2 米^2/头育肥猪的饲养密度为最佳选择。此外，欧盟对母猪的饲养面积也作出了规定：母猪和后备母猪的饲养面积不得少于 2.25 米^2/头和 1.64 米^2/头，如果猪群少于 6 头，饲养面积应增加 10%；如果猪群多于 40 头，则饲养面积可减少 10%。

表 3-1 各类猪群饲养密度

猪群类别	每栏建议饲养头数	每头猪占栏面积/米^2
种公猪	1	8.0～12.0
空怀/妊娠母猪-限位栏	1	1.3～1.5
空怀/妊娠母猪-群饲	4～5	1.8～2.5
后备母猪	4～6	1.5～2.0
泌乳母猪	1	3.8～4.2
保育猪	8～12	0.3～0.4
生长猪	8～10	0.6～0.9
育肥猪	8～10	0.8～1.2

3.2.1.1.2 设计合理的群体规模

猪作为一种群居动物，在自然条件下，可根据自身的需求自由调整群体大小，但在集约化的猪场中，猪只群体规模的大小是人为设定的。因此，设计合理的群体规模对提高猪的福利水平起到重要作用。

研究发现，大中型饲养群体（40 头/栏和 20 头/栏）较小型饲养群体（10 头/栏）更有利于提高保育仔猪的饮水量、采食量和日增重，但大型群体饲养的保育猪在转群初期打斗现象更严重。但也有研究发现，随着群体规模的增大，动物间打斗频率会下降或保持不变，且对生长猪生长性能无明显影响，但大圈饲养（54 头/圈）能有效地减少圈栏的污染面积。也有研究发现，40 头的群养规模对仔猪的健康和生长发育优于 10 头或 20 头的群养规模，仔猪并窝所产生的应激程度相对更低，猪群稳定后的和谐度更高。关于群体饲养的研究结果差异较大，只能通过饲养者观察动物的舒适或者打斗行为来相应调整。通常，生长育肥猪的适宜群体，在全部舍内圈养的条件下，以每群 10～20 头为宜；在舍内饲养，舍外排便的饲养条件下，以每群40～50头为宜。对于母猪，与定位栏饲养模式相比，在不增加饲养面积的前提下，采用5头和10头小群母猪饲养时，后者每个个体获得的可利用空间相对更大，也更有助于母猪运动，减少争斗行为的发生和混转群应激。

3.2.1.2 提高环境富集度

畜禽的环境富集一般指在单调的环境中，给动物以必要的环境刺激，使其居所得到有益的改善，能正常表达行为和心理活动，进而心理和生理都能处于健康状态。提高环境富集的措施有多种，如提供垫料、玩具及播放音乐等。

欧盟《保护猪最低标准指令（2001/93/EC）》规定：猪只要有持续的途径获取足够数量的材料来满足探究、操作等行为的表达，例如，稻草、干草、木头、锯屑、蘑菇培养料、泥煤或其组合。虽然我国还未制定相关的标准或法律，但规模化猪场的管理者应该观察到，在圈舍内添加适量环境富集材料，既能提高猪只福利，又能破除因动物福利问题而阻碍猪肉产品出口的壁垒。研究表明，在福利型母猪分娩栏中添加稻草，能满足母猪的行为表达需求，激发筑巢行为，有效地减少犬坐、操纵圈舍和无食咀嚼行为的发生；在断奶仔猪舍内添加玩具（如咀嚼棒）以及每天8:00—10:00、15:00—17:00播放舒缓型音乐《寂静山林》（音量为65～75分贝），可以有效缓解仔猪的断奶应激水平，减少仔猪攻击行为、操纵圈友等不良行为的发生率，还能降低断奶仔猪的趴卧行为，增加仔猪侧卧和半侧卧舒适的休息行为，提高仔猪的福利状况；在保育猪及生长猪栏内添加稻草，能够降低猪只的应激水平；在生长猪舍内添加球、编织袋和咀嚼器富集材料，显著降低应激水平，提高了猪只的福利水平，且猪只对球、编织袋和咀嚼器3种材料的接触比例由高到低依次为编织袋、咀嚼器、球；在育肥猪舍内添加咀嚼器、木球玩具，能显著降低猪的血清中C-反应蛋白水平、嗜中性粒细胞/淋巴细胞（N/L）的比例，猪只的玩耍行为增多。不过需要注意，添加富集材料时既要根据猪只的需求，又要考虑猪场的实际情况。

3.2.1.3 设计合理的栏圈与环境设施

3.2.1.3.1 设计合理的栏圈

虽然我国并未禁止限位栏饲养妊娠母猪，但由于限位栏饲养方式所暴露出来的问题越来越多，已经有企业和学者探索用群养模式代替限位栏模式，得到了较好的结果。

北京清泉湾养猪有限公司是一家把动物福利与生产效益进行有效结合的公司，很早就开始群饲妊娠母猪，该猪场的母猪蹄病发病率很低、精神状态良好，使用年限也明显高于限位栏饲养的妊娠母猪。大量研究表明，群养取代限位栏饲养有利于减少母猪的争斗行为和刻板行为，激发积极的社会行为。其中，一种群养方式以母猪电子群饲管理系统（electronic sow feeding，ESF）为控制中心，对猪只耳标进行自动识别，根据母猪所需饲喂量指令控制饲喂装置，进而实现精确供料饲喂，有条件的猪场可考虑使用。研究发现，与限位栏相比，ESF系统饲养的母猪运动机能得到改善，生殖系统发病率有所降低，减少了死胎、木乃伊和畸形胎等异常仔猪数，而且提高了母猪的繁殖性能和福利水平，进而提高了后代的平均初生重，所产仔猪出生后活力较好。由于ESF系统使用及维修成本较高，在我国还处于逐步发展阶段，但具有很好的应用前景。

目前，我国集约化猪场的母猪产床基本上都采用的是限位栏产床，限位栏产床能有效减少仔猪的压死率，在哺乳期间非常便于人工管理。但它也像妊娠母猪限位栏一样存在很多缺陷，能否把哺乳母猪从限位栏中解放出来值得养猪场管理人员认真思考。自由产圈仔猪死亡率是否高于限位栏产圈还没有定论。试验发现，自由产圈能显著降低母猪哺乳前期的应激水平及分娩间隔。另有研究发现，如果将母猪分娩3天后从限位栏内释放出来，母猪与仔猪会表现出更多的互动行为，可能对母猪及仔猪都会产生有益的影响。一般在1周以后仔猪体格开始强壮，有能力躲避母猪的踩压。根据这个特点，可以设计一种临时限位栏，即母猪分娩1周内在限位栏中哺乳，1周后将限位栏拿掉，使得母猪能在产圈中自由活动。

3.2.1.3.2 设计合理的地面和环境设施

虽然猪场集约化程度不断提高，但规范化程度不高，不同的猪场所使用地板类型也不尽相同，环境设施还有待提高。

栏圈地面是猪只身体直接接触的地方，其地板类型及卫生程度的好坏都直接影响着猪只的福利水平。如果使用漏缝地板，地板的漏缝间隙设计要合理，必须保证地板表面平整光滑。塑料漏缝地板易清洗消毒、防腐蚀、保温性好，建议在分娩母猪和保育仔猪栏使用。有研究发现，在育肥猪舍使用微缝地板，可降低猪圈栏内氨气浓度，对提高猪舍空气环境质量有一定的效果。随着发酵床技术的成熟，部分规模化猪场也会采用发酵床地面。另外，对发酵床的研究与应用发现，发酵床饲养能够增加断奶仔猪的探究行为、运动行为以及每次采食持续时间，降低其攻击和操纵圈舍行为，提高仔猪动物福利，还可一定程度上改善育肥猪的器官发育，提高其免疫能力。猪场需要根据其实际需求和当地的气候条件来决定使用何种类型的地面。

一般传统的仔猪保温箱虽然可以通过保温灯加热，但躺卧区地面温度往往较低，对仔猪的保温效果不佳。而哺乳仔猪数控保温箱可通过传感器和温控器对保温灯及箱底加热板的控制，实现对仔猪保温箱精准控温，既达到了对仔猪保温的目的，又能节约能耗。此外，哺乳仔猪数控保温箱显著提高仔猪的平均日增重和健康状况；还对仔猪的行为有所改善，显著提高仔猪活力。安置水槽（饮水器）和料槽时，要考虑充分圈舍猪只的数量及日龄，合理设计水槽和料槽的数量、长度、宽度及高度，还要特别注意水槽和料槽不能被粪尿污染。

以上只总结了集约化养猪中常见的福利问题，并提出了改善对策。而在实际生产中，可能存在的问题更多，包括从运输和屠宰环节，均有待总结和改善。

3.2.2 蛋鸡

3.2.2.1 选育或饲养适应性强、骨骼强壮、不表达啄癖的蛋鸡品种

改善骨骼问题、提高骨骼健康、防止骨质疏松的一项有效措施是进行骨骼强度的基因筛选，在一两代内就能见到成效。啄癖行为也是可遗传的，应选育没有啄癖行为的种用蛋鸡品种。此外，将环境适应性指标归入总体选育指标体系中，能钝化蛋鸡对环境的敏感性，提高蛋鸡对抗环境压力的能力，有利于保障蛋鸡的健康。

3.2.2.2 加强鸡群健康管理，充分考虑蛋鸡的行为需求

3.2.2.2.1 生物安全管理

生物防疫在防止传染性疾病的出现和扩散方面起着非常重要的作用。传染性疾病暴发的决定性因素在于鸡舍的管理和集中饲养的蛋鸡数量。正确的生物防疫措施可以阻挡疾病进入鸡舍。与野生鸟类接触是禽类感染疾病的源头之一。因此，将家禽与野生鸟类和啮齿类动物隔离开可以大大降低禽流感和沙门氏菌属疾

病肆虐的风险。在野生鸟类迁徙时期，采用舍内饲养模式不失为降低家禽患病风险的好方法。如果这种方法无法实现，那么可以对散养环境进行一定改造，使之不会对野生鸟类造成吸引，比如不在地上撒饲料。靠近湖泊、水塘的鸡舍也应搬离。为了降低舍外散养蛋鸡的患病风险，应该采取综合性措施：限制饲养规模；轮流开放料槽、水槽、栖架等设施；均匀布置鸡场设施以激励蛋鸡充分活动于每个角落。使用流动性高的饲养模式也能达到相同效果。垫料平养模式下，蛋鸡呼吸的空气质量低下，可能致使它们免疫力下降，增加感染疾病的风险，但减少饲养密度、提高通风条件，传染风险则可大幅降低。富集鸡笼结合了传统笼养的优点，为蛋鸡提供健康和卫生保障，还能让它们尽情表达自然行为。制定合理的疾病防控标准并严格实施、采取正确的鸡场管理方法都有助于传染性疾病和寄生虫病的防控。

传染性疾病的 4 项防控措施如下：保持鸡舍干净卫生、定时给蛋鸡注射疫苗和抗寄生虫治疗，保护蛋鸡不受疾病侵害；在不同批次蛋鸡进出之间对鸡舍进行彻底清扫和消毒，实行全进全出制度，防止鸡场内部疾病扩散；采用生物安全措施阻挡病原侵入鸡场，例如严格限制和管理各类人员出入鸡场、保证卫生措施实施到位、彻底将鸡与野生鸟类和啮齿类动物隔离开；定期检测和淘汰阳性鸡群，并结合严格的生物安全措施，实行鸡伤寒、鸡白痢等疾病清除计划。

3.2.2.2.2 行为需求改善措施

为鸡群提供充足的空间，并配置适当的设施（如垫料、栖架、沙盘、产蛋箱）和条件（如适宜温度），有助于蛋鸡表达觅食、栖息、沙浴等自然行为。

提供高质量垫料的好处很多，不但可以保障蛋鸡表达觅食、沙浴等行为，还可确保蛋鸡羽毛状况良好，减少啄癖等不良行为的出现。良好的环境和管理对减少啄癖也非常有效。

安装粗糙的底网，或者将栖架设计得低些，加以合理维护，并铺上干燥垫料，以增加摩擦，可让鸡站得更稳，这些措施均可不同程度地减少或预防足部疾病的发生。

装备数量、大小适宜的产蛋箱可以满足蛋鸡筑巢、安静产蛋的需要，减轻蛋鸡的产蛋焦虑，这在富集笼养和舍内外散养系统中容易实现。

3.2.2.2.3 日常精细化管理

鸡场管理人员必须接受严格的标准化培训并具备以下素质：温柔对待蛋鸡，

不让它们感到痛苦；能够辨识蛋鸡受伤和生病的症状，并采取正确治疗措施；能够主动监测蛋鸡，及时发现其健康状态和行为的变化。散养模式下，饲养管理更是至关重要，因为这一模式更加需要对啄癖行为和传染性疾病进行监测，以免产生严重后果。

在孵育阶段，给雏鸡提供类似自然的光照、可以表达栖息和觅食的多样化环境（如垫料）、足够的空间以及饲养员的友好对待和管理，均可增强蛋鸡的胆量和对环境的适应能力，有助于促进蛋鸡身心健康。

饲养蛋鸡应考虑提供较复杂的环境、较低的饲养密度，并保持规模较大的鸡群，以利于蛋鸡可以选择环境和社会偏好，充分释放其天性。随着空间容量的增加和饲养密度的降低，蛋鸡活动更多。充足的空间不仅允许蛋鸡进行基本活动，还能让它们表达伸展、梳理羽毛、筑巢、沙浴和觅食等积极行为。

鸡舍内料槽、水槽、栖架以及产蛋箱的摆放位置非常重要，同时适当延长这些设施的开放时间也能保障蛋鸡更加从容进行各种活动，减轻它们的压力。饲料的营养素组成也很重要。在饲料里添加钠元素、磷元素、蛋白质、纤维素和必需的氨基酸（包括精氨酸、蛋氨酸和色氨酸）可以改善蛋鸡的啄癖行为。研究表明，蛋鸡啄食营养密度低的饲料花费的时间更多，就会减少其他活动的时间。因此，用破碎料（营养密度相比颗粒料低）饲喂能缓解蛋鸡啄癖行为。饲料中钙元素、磷元素、$\omega-3$ 脂肪酸和维生素 D_3 的含量都会影响蛋鸡的骨骼健康。要改善蛋鸡的骨骼状况，把握补充营养的时机非常重要（不同营养的补充时间不同）。评估蛋鸡饲料是否达标，不应只考虑产出的鸡蛋质量，更应关注蛋鸡的健康以及福利。每个鸡舍都应该随时监控蛋鸡的健康状况和行为。一旦蛋鸡的行为有所异常，就应与营养师商讨，调整饲料配方。但要注意的是，饲料调整的速度不能太快，以免引发啄癖行为。

为了保持鸡舍良好的空气质量，应加强通风，以稀释舍内氨气浓度，确保蛋鸡以及工作人员的福利不受到威胁。

为鸡舍提供充足光照策略有：从出壳到 1 周龄内，提供蛋鸡 50 勒克斯以上的光照强度，让它们享受到明亮的灯光，刺激它们的采食功能；从 1 周龄到宰杀前 3 天，每天为蛋鸡提供一段持续的黑暗时间，确保它们有充足的休息，照明时间内光照强度不低于 20 勒克斯，以便蛋鸡看清同类以及周围环境，正常释放天性，也方便养殖人员对蛋鸡的观测；提供的光照分布，应确保产蛋箱处昏暗，其他区域明亮，以促进蛋鸡觅食行为，减少其在地上产蛋和互残的概率；必要时，经兽医同意，才能降低鸡舍的光照强度。

3.2.3 肉鸡

3.2.3.1 执行好的健康管理措施

购买来自知名公司孵化的体壮、健康的雏鸡；

严格按照全进全出制度进行饲养；

根据肉仔鸡日龄将温度、湿度和通风调节到适应的程度；

避免拥挤或饲养过量，因为那样会导致肉仔鸡应激、生长延迟，降低饲料报酬和减少产量；

检查饲料的质量和体积，检查光照的强度和持续时间，检查空气的质量（氨气和灰尘）及其温度和相对湿度，检查水的质量和体积，检查人员、禽舍、设备卫生和前期清洁消毒情况，检查饲养密度、公母比、进料器与饮水器的数量等。

3.2.3.2 执行好的生物安全性

把家禽隔离起来饲养，并把好大门；

不混养，家禽要与牛、猪等家畜隔离饲养；

保证狗、猫以及昆虫、野生鸟类和啮齿动物等野生动物远离禽舍；

限制来客和不必要的车辆进入禽舍；

在进雏前两周，彻底对禽舍和饲养设备进行清洁和消毒。

3.2.3.3 执行合理的营养程序

从正规厂家购买饲料及饲料原料；

饲喂营养均衡的日粮；

按照推荐的饲喂程序进行饲喂。

3.2.3.4 执行严格的免疫程序

疫苗仅在本地区疾病流行时进行接种；

按照推荐的免疫表和程序进行。

综上所述，现代生产中，因肉仔鸡生长过快带来的腿部疼痛、心脏和肺脏问题，饲养过程中的营养及环境问题，给肉仔鸡造成饥饿、沮丧、应激，使数百万的肉仔鸡遭受各种各样的疼痛、疾病、死亡。调查研究表明，3个相对简单措施可以大幅改善肉仔鸡福利，在生产上可用：给予垫料或褥草；适当减缓生长率；给予每只肉仔鸡较大的空间和场地。

3.2.4 奶牛

3.2.4.1 改善奶牛的生存空间

牛舍的建筑构造首先应以满足奶牛的需求为首要目标，设计时要综合考虑牛场的饲养规模、牛群结构及各类奶牛的个体需要，从而确定适宜的饲养面积。在建设牛舍时，应考虑建造足够的牛舍，以适应牛群数量激增。研究发现，与129%的养殖密度相比，82%和100%的养殖密度对奶牛的躺卧、采食和反刍行为的表达更为有利。因此要对奶牛数量进行合理配置，在不损害奶牛行为表达的基础上选择适宜的饲养密度。同时也要加强牛舍通风设施的建设，防止奶牛养殖过程中产生的有害气体对奶牛造成危害。

3.2.4.2 加强牛场相关设施的建设

3.2.4.2.1 地面

牛舍地面应该保持平整、干净、干燥，同时要有适当的摩擦力，这样有利于奶牛舒适自由地行走。牛舍地面垫料的选用，对于奶牛舒适度有很大影响。研究发现，与水泥地面相比，生活在橡胶地面的奶牛蹄的生长和磨损程度显著降低，表明柔软的散栏地面有利于奶牛的蹄部健康，但是橡胶地面的吸湿能力以及对湿度的缓冲能力比水泥地面要差。在奶牛自由运动和休息的区域应尽可能制成橡胶地面，以提高舒适度，在奶牛经常集中活动的区域，可以对地面进行硬化处理，从而有效地抵抗牛群践踏，防止地面泥泞，也便于排水和粪尿处理。牛舍地面要有一定的倾斜度，保证尿液排出顺畅，最好在采食通道上铺设部分橡胶漏缝地板，配备刮粪板，同时建设坚固的排水管道及排污系统，这样既可以使奶牛感到舒适，也利于环境卫生。

3.2.4.2.2 卧床

卧床的设计需要考虑奶牛起卧和活动规律。牛床的长度设计应充分考虑奶牛在站立过程中前后移动所需要的空间距离，牛床不能太短，否则会使奶牛无法正常躺卧，但牛床也不能太长，否则粪便易排在牛床上，影响卧床卫生，以致污染乳房。2007年我国原农业部颁布了《标准化奶牛场建设规范》（NY/T 1567—2007），规定了散栏式牛床的长度和宽度，成母牛所需卧床长度、宽度分别为2.2～2.5米、1.1～1.2米，青年母牛所需卧床尺寸为长1.6～1.8米、宽1.1～1.2米。也有研究表明，奶牛在较宽的卧栏卧下休息的时间比较窄的卧栏多，建议卧床宽度头胎牛为122厘米、成母牛为127厘米、临产牛为137厘米。在生产中需要根据奶牛群体情况来配置卧床。

卧床表面垫料对奶牛的休息和生产性能也有很大影响。关于不同垫料对奶牛趴卧行为影响的研究发现，在不同温度条件下，奶牛在橡胶垫和干牛粪垫料上的趴卧时间均显著高于沙土垫料。研究卧床垫料（如橡胶垫、牛粪、沙土）对奶牛生产性能的影响发现，使用橡胶垫和牛粪卧床的奶牛每天的产奶量接近，且显著高于沙土卧床，乳脂率与乳蛋白率也有相同的表现。通过比较沙子和稻草铺垫的牛床对奶牛躺卧行为的影响发现，在稻草卧床上奶牛躺卧时间较长，但是沙子卧床有利于牛体清洁和肢蹄健康，可以减少跛行，且利于蹄部损伤的恢复。比较夏季在橡胶垫卧床上铺垫牛粪与没有铺垫牛粪的效果发现，在铺有干牛粪的卧床上，奶牛躺卧休息时间更长，且奶牛在躺卧之前准备时间较短，证明在橡胶垫上铺垫牛粪的卧床舒适性更高。综上所述，从产奶量水平来看，沙子不适宜作为卧床垫料，但是在肢蹄健康方面，沙子垫料较为有利；从卧床舒适度来看，牛粪以及稻草更利于奶牛躺卧，增加了奶牛的休息时间；从卧床表面清洁程度看，铺设橡胶垫的卧床易于清洁，也利于管理。在进行垫料的选择时，需要综合考虑适用性和价格等因素，选用的材料应该舒适且具有良好的吸水性能，奶牛站立起卧时不易受到伤害。

3.2.4.2.3 饮水设施

为保证奶牛有充足的饮水，饮水设置应满足15%的奶牛能够同时饮水。在设备的选择上，奶牛更喜欢在水槽中饮水，水深以7厘米为宜。水温对于奶牛健康和产奶量有很大影响，春、秋季饮水温度宜维持在9～15℃；冬季要禁止奶牛饮冰水、雪水，应为奶牛提供温水；夏季高温情况下，奶牛宜饮用清凉的深井水。夏季奶牛对饮水的需求大，因此在夏季来临之前应对奶牛饮水设施进行检查，以保障奶牛有充足的饮水。为确保水质良好，应经常对饮水进行监测，水槽要每天冲刷、定期消毒，保持水槽清洁。

3.2.4.2.4 运动场

奶牛在干燥舒适的运动场休息、活动，乳房炎、肢蹄病的患病概率会降低，因此要保证运动场地面软硬适度，减少疾病的发生。据报道，水泥材质的运动场奶牛肢蹄病患病率高于砖砌运动场，砖砌运动场的奶牛肢蹄病患病率高于沙土运动场。对比立砖地面运动场和干牛粪铺垫的运动场对奶牛的影响发现，干牛粪铺垫的运动场奶牛感觉更加舒适，其肢蹄、乳房更健康。比较立砖地面铺垫干牛粪与黄土地面运动场的饲养效果显示，立砖地面铺垫干牛粪组奶牛的产奶量、泌乳持续力、高峰奶量都优于黄土地面运动场组，而牛奶体细胞数明显低于黄土地面运动场组。可见，奶牛在干牛粪和沙土等软质地面行走、休息时较为舒适，但在雨雪天气这些地面易出现泥坑、水坑，粪污不易处理，卫生情况较差。在建造运动场时，可以考虑在运动场内的地面设置多个分区，分别铺上不同的材料，在不同的天气条件下奶牛可以自行选择适宜的活动区域。同时要注意改善奶牛活动区域的环境卫生，及时清理粪污，定期进行消毒，保证运动场清洁、干燥。

3.2.4.3 提高人员饲养管理水平

作为与奶牛养殖生产直接接触的人员，如饲养员、兽医、配种员等，首先要提高自身的专业技能，利用科学的方式方法来饲养、操作处置奶牛，尽量减少奶牛应激反应，保障奶牛健康，如在挤奶时要保持挤奶厅环境安静，或者播放一些较为舒缓的轻音乐，养殖人员应温和地对待牛只。挤奶过程中要充分刺激乳房，促使其快速、完全放乳，保证乳头干净、干燥，尽量缩短每头牛的挤奶时间，以高质高效地生产牛奶。其次在养殖生产的过程中，应该细心观察，及时发现奶牛的一些异常行为和身体疾病等并进行诊治，例如在肢蹄病的诊断治疗方面，任何仪器或者操作系统都不能取代一个优秀且有耐心的养殖人员，因此养殖人员需要每天观察牛群、检查奶牛的健康状况，对于患有肢蹄病的奶牛，及时进行标记，尽快治疗，以降低损失。最后作为畜牧行业从业人员，要改变自身观念，意识到奶牛同人类一样都有感知能力，它们也拥有喜怒哀乐，对待动物要有耐心，有同情心，不能任意打骂，以建立良好的人畜关系。奶牛场也要加强对相关人员的培训工作，让动物福利的理念以及实施动物福利的重要性深入人心，以在生产实践中实现良好的动物福利，达到人畜共赢。

3.2.5 羊

3.2.5.1 加强羊福利养殖的基础推力建设

我国多数人动物福利意识淡薄，没有动物福利概念，缺乏动物福利知识，因此应通过行政科普、教学课程、科学研究及其示范、广告宣传、自媒体、多媒体、融媒体等多渠道多方式广泛宣传动物福利知识和理论，传递正确的动物福利科学信息，让人们了解什么是动物福利，为什么要提倡动物福利，怎样维护动物福利，增强全社会的动物福利意识和实用知识，推动消费者动物福利意识觉醒、实现动物福利产品优质优价的良性循环。

为福利养殖提供法律保障，可适时启动农场动物福利养殖法律和法规的起草进入立法程序，从动物福利立法的提议、讨论、立法、修改与完善、发布、实施的漫长过程中，应洞察动物福利国际准则的要求及变化，充分考虑我国的农场动物养殖的实际情况。该法应规定相关的约束力量来促进农场动物福利养殖的实施，包括对保护农场动物福利有功者的奖励和对违法者处罚、对构成犯罪者予以严厉的刑事惩处等条款。

参考国际羊福利养殖模式和研究成果，针对不同的饲养方式、生产规模和集约化程度，制订饲养、运输、屠宰环节动物福利的具体标准和要求，鼓励运用数字化、信息化、智能化的现代管理技术，减少对动物的干扰，融入善待养殖动物与经济效益的互相促进理论，做到能实施、可实施，并积极推进符合动物福利要求的标准化生产落地生根，促进养羊业高质量可持续发展。

3.2.5.2 重视基于提高羊健康和福利水平的选育，饲养适应性强的羊品种

运用动物遗传育种技术进行抗病性选育、行为性状选育，可以从源头上改善羊的健康和福利。有研究发现，美利奴羊中抗寒能力和羔羊存活率的不同等位基因频率之间具有重要的联系，根据相关等位基因频率的选育可能有助于降低羔羊死于低体温症的概率。通过抗性基因的遗传变异程度和抗性之间的遗传相关，将抗病原体或寄生虫的性状纳入选育目标，将会增强羊对相关疾病的免疫力。腐蹄病患病率高，能造成绵羊跛行，引起疼痛，降低活动性，并抑制采食量，而且还具有较高的传染性，即使个体没有表现出疾病症状，也很容易传给其他个体，对生产性状和动物福利产生负面后果。新西兰已开发出一种新的抗腐蹄病基因检测

技术，可以提供给育种者进行羊抗腐蹄病品系育种和检测。

理想的行为性状选育对改善动物福利具有潜在的好处。研究表明，初生羔羊的行为和母羊的母性行为都受遗传控制；选择安静的气质性状对羔羊的生存有积极的影响。制订选择方案时，增加包括行为在内的动物福利相关性状，越来越受到关注，并已取得进展。

可以预期，加强抗病性、调整动物行为气质的选育，对提高羔羊存活率、羊的健康和福利将成为现实，进而促进养羊业的可持续发展和经济效益的提高。羊场选择饲养品种时，尽量选择适应性强的当地羊品种及其杂交品系。

3.2.5.3 创造舒适的饲养环境和适宜的饲养条件

羊的饲养环境包括温热环境、声音环境、光环境、卫生环境等，它们共同决定着羊只所处环境的舒适与否。其中，温热环境时刻都会对羊只产生影响，对羊只的生长、生产以及健康福利影响最大。在温热环境的4个因素中，相比湿度、风速和热辐射，温度起着决定性的作用。适宜的环境温度能较好地维持羊只的体热平衡。在肉羊福利化养殖中，成年羊的适宜温度为5～25 ℃，羔羊为10～25 ℃。采用合理设计的外围护结构（重点关注保温隔热、采光、通风性能）、环境控制设备（如电动喷雾降温设备）等，可实现羊舍日照充足、采光良好、通风效果好，有效降低氨气、硫化氢等有害气体含量。有些地区夏季比较炎热，也有些地区冬季比较寒冷，故需根据当地自然环境适当调整羊舍温度，尽可能地向羊只养殖所需的舒适温度范围靠近，做到羊舍温度夏季不得高于35 ℃，冬季不得低于 –5 ℃。

充足的空间可以实现动物的信息交流、行为协调、互相合作以及正常繁衍生息，使动物的情绪稳定和精神愉悦，保障动物生理上和心理上的健康处于康乐状态。饲养密度适宜能显著改善肉羊四肢膝关节的清洁度，进而降低血清皮质醇浓度，由此提高肉羊的生产力。有关舍饲肉羊福利养殖技术规程规定，养殖场羊舍面积需达到下列要求：种公羊 ≥ 1.5 米^2/只、空怀母羊 ≥ 0.8 米^2/只、妊娠母羊 ≥ 1.2 米^2/只、产羔母羊 ≥ 2.0 米^2/只、断奶羔羊为 0.2～0.4 米^2/只、育肥羊 ≥ 0.7 米^2/只。适宜的饲养密度对肉羊的生产性能及肉品品质也有着重要的正面影响。

3.2.5.4 加强羊病预防和治疗

规模化养羊场，一般采用舍饲方式饲养，存栏羊只多，在场址选择、场舍布局、通风排污、消毒隔离等基础建设方面应提前做好设计规划，重视生物安全、羊病防控、疾病及时诊治等工作，确保羊群身体及心理健康。羊场一般应远离居民区、学校、医院等人流多的地方，并注重防护林和隔离带的设置。场区一般按生产区、管理区、粪污处理及隔离区3个功能区进行布局，生活区建在上风口，并与羊舍保持一定距离，粪污处理及隔离区设在下风口。达到一定规模的羊场应配有专业的兽医人员，科学管理圈舍的消毒、外来羊隔离、病死羊处理、卫生防疫等日常防疫工作，形成程序化文件和管理制度，条件好的养羊场还应配置消毒专用车、病羊隔离舍以及粪污处理设施等，可有效防止疫病的传播。对于患病羊只，应及时诊治，减少其病痛。

第四章 农场动物福利评估指标

由于福利是动物个体的特征，因此评估动物福利的好坏应尽可能基于动物本身的测量（如健康和行为）。如果没有基于动物的测量可用于评估动物某项福利要求是否得到满足，或当这样的测量不够敏感或可靠，才使用基于资源或管理的测量来评估动物某项福利要求是否得到满足。然而，过去动物福利评估指标往往以环境资源或养殖管理为主，重视从农场动物舍及其环境控制或者生产管理方面挖掘评估测量指标。例如，养殖方式、温湿环境、饲养密度等。因此，评估动物福利转向主要使用基于动物自身的动物福利评估指标已成必然。

良好的农场动物福利包括4项主要的原则要求——良好的动物饲喂、良好的动物饲养环境、良好的动物健康、适当的动物行为，对应着以下4项福利问题。

① 动物是否得到正确的饲喂和饮水？
② 动物的饲养环境是否良好？
③ 动物是否健康？
④ 动物的行为是否反映其积极的情绪状态？

下面分别以基于动物方面评估为主、基于资源或管理方面评估为辅，介绍农场动物的福利评估指标，以涵盖以上4项动物福利原则要求或相应的福利问题。这些指标对科学评估农场动物福利水平非常重要，对农场动物福利评估工作或评估结果的有效性、可靠性或可行性也很关键。这些指标及其适当阈值的使用应根据农场动物所处的不同状况（如地区、气候、养殖系统、品种、健康状况等）而变，有些可以在养殖场测量，其他可在屠宰场测量。建议可以参照农场动物福利商业化生产的行业、区域、团体或企业规范，确定福利评估指标测量阈值，并可通过这些可测量指标随时监测农场动物饲养环境及其管理情况。

4.1 水和饲料消耗量

监测每天的用水量是指示疾病和其他福利状况的有效手段，使用时应考虑环境温度、相对湿度、饲料消耗量和其他相关因素。水供应出现问题，可能会导致垫料潮湿、腹泻、皮炎或脱水。

饲料消耗量的变化可能表明饲料不合适、存在疾病或其他福利问题。

4.2 行为

某些行为可视为农场动物良好福利和健康的指标，如玩耍行为和特定的叫声。其他一些行为可能表明存在农场动物福利和健康问题，这些行为包括采食量减少、饮水量改变、种属特异性行为减少（如鸡沙浴行为、猪筑窝行为减少）、突然不动或试图逃跑躲避、运动行为或姿势改变、躺卧时间或方式改变、呼吸频率改变和喘气（通过喘气评分评估）、咳嗽、颤抖和蜷缩（如挤成一团）、高声喊叫和呼叫率增加、争斗行为（包括攻击行为）增加以及刻板行为（如猪咬栏、牛过度梳理毛发）、恐惧、冷漠或抑郁等其他异常行为增加。

4.3 发病率

感染性疾病、代谢性疾病、跛行、围产期和手术后并发症、损伤和其他疾病的发生率，高于公认的阈值，可直接或间接表明整个农场动物群福利存在问题。了解疾病或综合征的病因，对发现潜在的动物福利问题非常重要。可以用于评估动物福利的常见疾病包括乳房炎和子宫炎、腿和蹄病变、肩部溃疡、皮肤病变、呼吸道和消化道疾病以及生殖系统疾病等。从养殖场获得的初级产品（蛋、奶）质量、屠宰场收集的数据以及用于对跛行和体况的评分，可以提供额外的信息。

尸检对于确定动物的死亡原因很有用。临床病理和尸体病理都应作为疾病、损伤和其他可影响动物福利问题的指标。

4.4 死亡率、淘汰率

死亡率、淘汰率与发病率一样，都会影响农场动物的生产寿命，可以作为动物福利状况的直接或间接指标。根据生产系统或饲养方式，可以通过分析死亡、淘汰发生的时空变化估算死亡率、淘汰率。应按每天、每月、每年或参照生产周期内的关键活动有规律地记录死亡动物数量、淘汰动物数量及其原因，并分析与饲养和管理方法的联系。

每天、每周和生产周期的总死亡率、淘汰率应在预期范围内，否则表明可能存在动物福利问题。

尸检有助于确定死亡原因。

4.5 受伤率

受伤率可以表示在养殖过程中或出栏时的动物福利问题。受伤包括其他同伴动物造成的损伤（如抓伤、啄伤、咬伤等）、环境条件造成的皮肤损伤（如接触性皮炎）和人类抓捕造成的损伤。抓捕过程中最普遍出现的损伤有擦伤、断肢、髋关节脱位、翅膀受损。

4.6 体重、体况和外观

体重、体况和外观往往能反映动物的福利和健康状况,其较差或发生变化是动物福利和健康受损的指标。动物体重变化超出预期可接受的范围,特别是体重突然过度下降,表明动物福利和健康状况不佳。动物生长后期的生长性能(如日增重、采食量、饲料转化效率、存活率)甚至繁殖性能,都会受到动物生长前期体重和体况异常的影响。在动物群体中个体动物体况之间存在巨大差异,可表明动物福利和健康受到损害以及繁殖效率低下。体况和外观观察、评分有助于提供动物福利和健康受损的客观信息。可以反映动物健康或福利受损的动物外观特征包括以下几个方面。

① 蹄或肢体异常。
② 体表出现肿胀、伤口或病变。
③ 眼角膜烧伤、结膜炎,通常由高浓度灰尘和氨气引起。
④ 脱水或热应激迹象。
⑤ 分泌物异常(例如,来自鼻、眼、生殖道)。
⑥ 存在体外寄生虫。
⑦ 被毛颜色、质地异常(包括晒伤)或脱毛。
⑧ 粪便、泥浆或污垢过多(清洁度)。
⑨ 消瘦。
⑩ 姿势异常(如弓背、低头)。
⑪ 体况超出可接受范围。

4.7 繁殖效率

繁殖效率可以作为动物健康和动物福利状况的一个指标。与某一特定品种或杂交品种的预期目标相比,繁殖效率低可以表明存在动物福利问题,例如以下几个问题。

① 不发情或产后间情期延长。

② 受孕率低。
③ 流产率高。
④ 难产率高。
⑤ 产仔数少（出生总头数）。
⑥ 产活仔数少。
⑦ 死胎或木乃伊胎多。
⑧ 胎盘滞留。
⑨ 子宫炎和乳房炎。
⑩ 产蛋量。
⑪ 种蛋合格率低。
⑫ 种蛋孵化率低。
⑬ 健雏率低。
⑭ 育雏率低。
⑮ 种公畜/禽丧失繁殖能力。

4.8 日常手术并发症

为了提高动物性能或治疗疾病（如奶牛皱胃移位）、满足市场或环境要求（如外科去势）、方便管理、改善人类安全和动物福利（如猪去尾、牛去角、牛羊修蹄），通常对动物施行具有痛苦或潜在痛苦的外科和非外科手术。然而，如果做这些手术时处理不当，动物福利就会受到影响。这类问题的指标可能包括以下几种。

① 术后感染、肿胀和疼痛。
② 手术后跛行。
③ 表现出恐惧、痛苦或悲伤的行为。
④ 饲料和饮水摄入量降低。
⑤ 手术后体况下降和体重减轻。
⑥ 术后发病率增加，以及死亡率和屠宰率增加。
⑦ 蝇蛆侵扰。

4.9 跛行

跛行一般是指动物的步态发生改变。农场动物易患各种感染性和非感染性肌肉骨骼疾病，引起颈部、肩部、背部、腰部、臀部、腿部或蹄部的疼痛，进而导致动物跛行和步态异常。跛行或步态异常的动物难以获得饲料和饮水，并可能遭受疼痛和痛苦。肌肉骨骼疾病导致的跛行有很多病因，包括遗传、营养、卫生条件、照明、地面质量以及其他环境和管理因素，找出问题的根源对于正确的治疗至关重要。目前鸡、猪、牛等农场动物都有可用的步态评分系统用来评估动物的跛行程度。此类问题的指标有以下几种。

① 蹄部形态异常。
② 承重不均匀度。
③ 蹄和骹骨的轴线和角度。

4.10 接触性皮炎

接触性皮炎会影响长期接触潮湿垫料或其他潮湿地面的皮肤。这种情况表现为，脚垫下表面、跗关节后部以及有时胸部的皮肤变黑，逐渐发展为糜烂和纤维化。如果病情严重，足部和跗关节的病变可能导致跛行，甚至继发感染。已经开发出可用于屠宰场的接触性皮炎的有效评分系统。

4.11 家禽羽毛状况

评估家禽羽毛状况，可以提供有关动物福利方面的有用信息。家禽羽毛脏污程度与接触性皮炎和跛行有关，也可能与环境和生产系统有关。作为养殖场检查的一部分，羽毛脏污程度可在出栏时或脱毛前评估，相关的评分系统已开发使用。

4.12 处置反应

在日常养殖环节或宰前环节，人与动物之间缺少良好互动，导致驱赶、保定、致晕动物等过程中处置不当，出现暴力驱赶、保定不当、滥用鞭子和棍棒等不良操作，会造成动物恐惧和痛苦，相应的评估指标可包括以下几种。

① 人与动物关系不良，如逃离区过大、踢咬和躲避人。
② 挤奶处置过程中奶牛不愿意进入挤奶厅、踢腿、哞叫等消极行为。
③ 走出坡道或通道的速度。
④ 经过坡道或通道的行为评分，如出现焦虑行为，反反复复不愿进入。
⑤ 动物滑倒或摔倒的百分比。
⑥ 用电刺棒驱赶动物的百分比。
⑦ 动物撞击围栏、保定装置或大门的百分比。
⑧ 在驱赶过程中受伤动物的百分比，如挫伤/撕裂伤/擦伤、骨折、断翅、断角/断尾/断腿。
⑨ 驱赶或保定过程中动物出现异常或过度叫声的百分比。

第五章 农场动物福利关键控制点及评估方法

正如第四章所述，过去乃至现在对农场动物福利评估，主要集中在以农场动物舍及其环境控制或者养殖管理为基础的测量方面，例如，农场动物舍类型、笼或圈栏大小、地面规格等，这些评估指标均涉及农场动物的养殖系统/方式，归属基于环境/资源或管理的指标。农场动物的养殖系统/方式有各种各样，无法直接判定哪种系统/方式好或不好，因为在每种养殖系统/方式下，只要能为农场动物创造良好的环境，养殖管理过程中善待农场动物，满足它们的生物学需要，就能达到好的效果——良好的农场动物福利水平；反之不能满足它们的生物学需要，例如，饲养密度高、局部空间拥挤、环境恶劣、管理不善，则会产生不良后果——低下的农场动物福利水平。即使针对同一养殖系统同样的环境条件，饲养在其中的动物如果遗传背景、早期经验和性情不同，或者由饲养员以不同的方式管理，动物的状态或体验也可能出现较大差异。因此，基于环境/资源或管理的指标不能直接反映饲养在其中的农场动物福利水平的高低。只有农场动物本身的状态，例如，农场动物体况、健康状况、受伤状态、行为、生产性能、繁殖性能等，即基于农场动物的指标，可以显示农场动物和所处环境（畜禽舍设计和管理等）之间相互作用的"结果"，直接且真实地反映农场动物的健康和福利水平。尽管如此，在农场动物福利评估中，基于环境/资源或管理的指标并不意味着可以完全忽略，特别在基于农场动物的指标无法获得时，使用养殖系统资源或管理因素相关的指标也是很好的补充。

本章先简述相关农场动物福利的基础背景信息总体评估关键控制点及评估方法，主要基于环境/资源或管理的基础条件评估；再重点介绍农场动物福利关键控制点具体评估项目及方法，以基于动物本身的具体评估项目为主，以基于环境/资源或管理的具体评估项目为辅。

5.1 相关农场动物福利的基础背景信息总体评估关键控制点及评估方法

动物福利是非常复杂的概念，不但涉及人与动物的关系，更涉及动物与环境的关系。因此，除动物本身外，评估动物福利水平的高低还与养殖场的环境、生物安全、可持续发展等养殖农场基础背景密切相关，其中养殖场布局、养殖规模和智能管理、可持续发展、优质高效生产是主要的关键控制点。

5.1.1 养殖场布局评分关键控制点及要求

（1）养殖场周边没有有害污染源，远离学校、医院、矿区、主要交通道路、居民居住地等人群聚集地区，便于防疫管理。

（2）养殖场应封闭在独立区域内，使用砖墙、铁艺、塑钢板等材质围墙、围栏进行有效的物理隔离。

（3）场区美观，清洁卫生，无噪声、臭气、污水等污染，对周边环境（空气、水、土壤）无不良影响。

（4）养殖场内分区明确，包括生活办公区、饲料草料区、生产区、粪污处理区、病畜禽隔离区等功能区，布局合理，隔离距离达到要求。

（5）场内设有专用的淘汰畜禽通道，防止交叉污染。

（6）生产区净道和污道应分开。

（7）畜禽舍、运动场、道路以外地带应绿化。

（8）饲料加工及存放区位于生产区下风地势较高处，且与生产区相隔适当距离，以避免饲料加工产生的噪声和粉尘影响畜禽健康，同时配有消防设施。

（9）蛋鸡场的产蛋鸡舍应靠近鸡蛋收集处理区，奶牛场的泌乳牛舍应靠近挤奶厅，待挤区与挤奶厅相连，且运蛋车和运奶车应设单独通道，不与进入养殖场的其他车辆发生交叉。

5.1.2 养殖场养殖规模和标准化管理评分关键控制点及要求

（1）养殖场养殖规模应达到：生猪年出栏量 500 头以上，蛋鸡存栏量 2 000 只以上，肉鸡年出栏量 10 000 只以上，奶牛存栏量 100 头以上，羊年出栏量 200 只以上。

（2）养殖场占地面积应与设计的养殖规模相对应。

（3）养殖场设有车辆消毒池、人员消毒通道，且可正常有效使用。

（4）场内通往畜禽舍、饲料储存处、饲料加工车间、化粪池等运输主、支干道全部硬化。

（5）应配备标准化畜禽舍、环境调控及监测设备，满足畜禽防暑、降温、通风需要，并可自动调节。

（6）应配备分群饲养设备、精准饲喂设备，可实现精确投喂。

（7）应配备畜禽识别系统，能实现畜禽身份自动识别。

（8）应配备独立的兽医、繁育工作室和药品储存间及相应的技术人员。

（9）应配备相对独立的饲料、畜禽产品检测空间及相应的检测设备。

（10）配备监控设施，覆盖养殖场大门、兽药室、畜禽舍、化验室、饲料加工车间等。

5.1.3 养殖场可持续发展评分关键控制点及要求

（1）养殖场应明确持续发展愿景，详细制订中长期发展规划和经营计划。

（2）重视科学发展、环境保护、文化建设，履行社会责任。

（3）拥有与养殖场发展相适宜的管理和技术团队、管理制度及流程建设。

（4）注重人员培训，促进生产、管理持续提高和人、牛健康和谐发展。

（5）按照可持续发展要求，实行种养紧密结合循环模式。粪污以肥料化利用为主，配套与养殖规模、处理工艺相适应的饲料种植和粪肥还田土地，根据作物和土壤情况合理配肥，施用方式科学。

（6）养殖场具有与生产经营规模相适应的粪污处理工艺及设备设施（如防

渗收集区、粪污晾晒场等，且运转正常）、处理途径（自有或租赁土地还田、外卖、第三方处理、作垫料等）。畜禽粪污封闭运输和处理，雨污分流，产生的气体有利用或处理措施，好氧发酵有翻抛或者曝气设施。处理后畜禽粪肥中有害物质残留符合相关要求。

（7）养殖场应有规范的医疗垃圾、病死畜禽无害化及其他危险废物处理设施，能够实现全程监督和处理资料的可溯源性，且运转正常；或委托当地畜牧部门认可的集中处理中心统一处理，且有正式协议。

（8）养殖场应有完善的生物安全计划，开展检疫、免疫以及畜禽群主要疫病的净化工作。

（9）使用节水、节料、节能养殖工艺。畜禽饮水设备具备节水功能；采用低蛋白日粮、绿色饲料添加剂等技术，通过自动化饲喂等方式有效管控饲料浪费；使用绿色能源，单位畜禽能耗低。

5.1.4 养殖场优质高效生产评分关键控制点及要求

（1）各生产阶段和繁殖阶段动物饲养、生产操作、免疫接种、饲料配制、选育与配种授精、疾病防控与诊治、设备维护与应急管理等应按标准化操作流程实施规范管理。

（2）科学制订育种计划，持续开展选种选配，宜饲养生产性能高、产品优质且适应性强的杂交品种或当地优良品种。

（3）饲料、饲料添加剂、兽药、消毒用品等投入品质量有保障，足量且稳定，可追溯，并使用适当。

（4）为畜禽提供清洁、充足的饮水，水质符合《生活饮用水卫生标准》（GB 5749—2022）中的规定。

（5）满足畜禽社会行为需求，能够表达天性。

（6）生活环境（温度、光照、空气质量等）适宜，休息区及设施舒适。

（7）实行畜禽健康管理措施，保障畜禽健康，免受疾病、伤害困扰。

（8）禁止打骂、粗暴对待畜禽，引发畜禽恐惧、害怕或痛苦等心理应激。

（9）畜禽产品（鲜肉、鲜奶、鲜蛋等初级农产品）生产高效，无兽药、农药残留，品质达到优良水平。

5.1.5 评估方法

以上4个方面基于环境/资源或管理的农场动物福利评估关键控制点，可以采用的评估方法如下。

（1）提前了解或查阅待评估的畜禽养殖场各类养殖档案。

具体需要了解或查阅的养殖档案包括：

① 场址地理位置图、牧场平面图、建设项目环境影响登记表；

② 人员资质（健康证、兽医资格证明、电工操作证等）；

③ 引种（外购种畜禽合同与购买记录、动物防疫合格证、健康档案、畜禽养殖代码证、动物防疫条件合格证、免疫记录与检验报告、防疫档案、耳标记录、车辆运输协议、消毒证明、非疫区证明）；

④ 投入品及使用（饲料采购清单、饲料供应商评估记录、饲料使用记录、饲料添加剂入库与使用记录、水质检验报告、药品购买入库清单、兽药使用记录、免疫及防疫监测记录、兽药休药期记录表、圈舍消毒剂采购与证明材料）；

⑤ 生产与繁殖记录（饲喂、饮水、清粪、消毒、转群、温湿度和通风、健康巡查等记录，查情、配种、输精、妊娠、分娩、幼畜断奶等记录，畜禽存栏及病、死、淘汰、出栏畜禽记录）；

⑥ 废弃物处理（医疗废弃物处理记录、粪便销售台账及合同、死淘畜禽处理制度及无害化处理记录表）；

⑦ 设备设施台账及维护保养计划与记录（饲料和饮水供给异常记录及应急处理实施方案、饲喂系统清理规程及记录、电器日常检查记录、自动刮粪机操作程序及维护保养记录）；

⑧ 生物安全管理（疫病净化计划、疫情报告制度、消毒与防疫规范、入场人员和车辆消毒管理要求及记录、虫鼠害防治图与日常检查记录）；

⑨ 产品安全管理（销售前兽医健康检查记录）。

（2）现场观察畜禽场外围环境、场内布局和畜禽状况。

（3）入舍观察动物健康状况（精神面貌、体况、体表损伤或脏污等）、饲养密度、饲养环境（冷热、卫生、躺卧区舒适）以及人畜或人禽关系。

（4）与养殖场管理层交流，了解养殖场可持续发展目标与中长期发展规划。

（5）与销售部、财务部主管交流，了解养殖场投入品购买、畜禽产品销售等经营情况。

（6）与生产部、后勤保障部主管交流，了解养殖场养殖过程、安全防范及风险处理等生产情况。

（7）与人事部主管交流，了解员工福利、岗位职责培训情况。

采用以上评估方法时，需要做好评估工作计划，准备好记录纸、笔、卷尺等工具。

5.2 农场动物福利关键控制点具体评估项目及方法

动物食品福利质量是消费者对动物食品质量关注的一个重要组成部分。为了适应消费者及相关市场对动物福利产品越来越旺盛的需求，迫切需要可靠的科学体系来评估动物的福利状况。动物福利是动物个体的特征，农场动物福利具体评估主要是基于动物个体特征的评估。本节参考福利质量联合会2009年发布的猪、家禽和牛福利质量评估方案，并结合笔者的专业经历，进行整合和改编，先介绍动物福利原则要求、关键控制点及其评估标准、相应的测量项目，测量项目主要基于动物生理学、健康和行为学评估，并简述待评估动物的选择原则，以确保其代表性；再从良好的饲喂、良好的饲养环境、良好的健康和适当的行为4个原则要求所属关键控制点方面举例描述相关测量项目的评估方法，这些方法涵盖不同农场动物、动物生命的不同阶段，主要包括饲养环节和屠宰环节的动物福利状况评估；最后给出了农场动物福利评估得分计算及福利类别的划分。

5.2.1 农场动物福利原则要求、关键控制点及其评估标准

农场动物福利测量评估分为良好的饲喂、良好的饲养环境、良好的健康和适当的行为4个方面的原则要求，每个部分的关键控制点及评估标准简介如下。

良好的饲喂包括没有长时间饥饿、没有长时间口渴两个关键控制点。没有长时间饥饿是指动物不应遭受过久的饥饿，即应给它们提供合适的日粮。没有长时间口渴是指动物不应遭受过久的缺水，即应给它们提供充足的饮水和使用方便的饮水设施。

良好的饲养环境包括舒适的休息环境、热舒适、容易活动3个关键控制点。舒适的休息环境是指动物休息时应有舒适的环境。热舒适是指动物应享有热舒适，即它们不应感觉太热或太冷。容易活动是指动物应有足够的空间可以自由移动。

良好的健康包括没有损伤、没有疾病、没有因管理不当而导致的疼痛3个关键控制点。没有损伤是指动物应免受伤害，比如皮肤损伤和运动障碍。没有疾病是指动物应免受疾病，即动物管理者应确保高标准的卫生和看护水平。没有因管理不当而导致的疼痛是指不应让不合理的管理、操作、屠宰或外科处置（如去势、去角）给动物造成疼痛。

适当的行为包括表达社会行为、表达其他行为、良好的人畜关系、积极的情感状态4个关键控制点。表达社会行为是指动物应能表达正常的、无害的社会行为（如相互整理毛发）。表达其他行为是指动物应能表达出其他的正常行为，即应可以表达出该物种特有的自然行为，比如觅食或探究行为。良好的人畜关系是指在任何情况下都应对动物进行良好处置，即操作者应改善人和动物之间的良好关系。积极的情感状态是指应避免恐惧、痛苦、挫败或冷漠等的负面情绪，促进安全或满足等的积极情绪。

5.2.2 农场动物福利关键控制点评估测量数据收集项目

遵循国际社会公认的动物福利五项基本原则，各种农场动物福利的原则要求及其关键控制点是完全相同的，评估它们福利水平的测量项目大多也是相同的，但是具体评估方法以及特定的测量项目却往往具有种属特异性。表5-1总结了各种农场动物在养殖场的福利状况评估项目，表5-2总结了各种农场动物在屠宰场的福利状况评估项目。

表5-1 动物在养殖场的福利状况评估项目

原则要求	关键控制点	农场测量项目	屠宰场测量项目
良好的饲喂	没有长时间饥饿	体况评分，饲料供给，断奶日龄	消瘦
	没有长时间口渴	饮水供应，包括饮水点的功能状态、水流速度、饮水空间、饮水点的清洁度、使用供水点的动物数量	

第五章　农场动物福利关键控制点及评估方法

（续表）

原则要求	关键控制点	农场测量项目	屠宰场测量项目
良好的饲养环境	舒适的休息环境	躺卧舒适度，包括躺卧区地面、躺下需要的时间、躺下时与饲养设备发生的碰撞、部分或完全躺在躺卧区之外等情况；动物清洁度，包括乳房清洁度、腹部/大腿清洁度、小腿清洁度、羽毛清洁度；垫料质量、灰尘、红螨侵染；滑液囊炎；肩伤；可用栖架的形状和总长度	
	热舒适	喘气，挤聚蜷缩，发抖，体表潮湿	
	容易活动	空间占有量，包括产仔栏、大小可调围栏、栓系、进出舍外休息区或牧场；饲养密度；穿孔地面、湿滑地面	
良好的健康	没有损伤	跛腿；体伤，包括外阴损伤、跗关节灼伤、足垫皮炎、爪趾损伤、蹄损伤、关节损伤、尾/耳朵被咬、皮肤病变、硬皮斑、滑液囊；体表改变，包括龙骨变形	胸囊肿、跗关节烧伤、足垫皮炎
	没有疾病	死亡/淘汰、无精打采或病态；呼吸道疾病，包括呼吸道感染、鼻分泌物、鼻扭曲、咳嗽、打喷嚏、流鼻涕、呼吸受阻或异常；消化道疾病，包括嗉囊肿大、瘤胃肿胀、肠炎、肠疝、直肠脱垂、腹泻、便秘；繁殖疾病，包括子宫炎、乳房炎、乳体细胞计数、子宫脱垂、外阴分泌物、难产；眼部疾病，包括眼分泌物；神经系统疾病，包括劈叉、瘫痪；局部感染，包括寄生虫、皮肤病；鸡冠异常	肺炎、胸膜炎、心包炎、肝脏白斑（生长猪）、腹水症、脱水、败血症、肝炎、心包炎、脓肿（肉鸡）、肺部病变、真胃病变、瘤胃斑块（犊牛）
	没有因管理不当而导致的疼痛	断尾，阉割，剪牙，断喙，断角芽/断角，佩戴鼻环	
适当的行为	表达社会行为	社会行为、聚集行为、攻击行为；羽毛损伤、鸡冠啄伤	
	表达其他行为	积极行为，包括探究行为、进出牧场、自由放养、使用产蛋箱、使用垫料、使用富集材料（如放养区覆盖物）；消极行为，包括刻板行为、异常行为；其他行为	
	良好的人畜关系	逃避距离	
	积极的情绪状态	定性行为评估，新奇物测试	

表 5-2　农场动物在屠宰场的福利状况评估项目

原则要求	关键控制点	屠宰场测量项目
良好的饲喂	没有长时间饥饿	饲料供给，撤除饲料时间
	没有长时间口渴	饮水供应，停水时间
良好的饲养环境	舒适的休息环境	地面，垫草
	热舒适	喘气，挤聚蜷缩，发抖
	容易活动	滑倒/跌倒，运输车/箱装载密度，待宰圈动物密度，僵直，试图转身/转身，向后移动
良好的健康	没有损伤	跛腿；体伤，包括翅膀受损、瘀伤
	没有疾病	生病动物；死亡动物，包括抵达时死亡
	没有因管理不当而导致的疼痛	致晕前电击，致晕有效性
适当的行为	表达社会行为	待开发
	表达其他行为	待开发
	良好的人畜关系	高声喊叫，胁迫
	积极的情绪状态	不愿移动，折返，屠宰线上扑动，争斗，踢，在致晕箱内跳起，僵直，试图转身/转身，向后移动

5.2.3　农场动物福利关键控制点测量项目评估原则

养殖场饲养动物或屠宰场屠宰动物的类型、方式、群体结构以及饲养/屠宰设施、圈舍分布、圈栏大小千差万别，为了获取相关动物福利代表性强、可靠、准确的数据和信息，从事评估工作的人员能力和科学选择评估的动物非常重要。具体应遵循的主要原则如下。

（1）开展动物福利评估前，必须对评估员进行所有动物福利相关测量的全面培训，包括利用照片和录像评估以及农场实践训练。对一些健康测量项目，培训训练应涉及某些体况/疾病的症状识别。

（2）到养殖农场或屠宰场进行动物福利评估前，应了解农场或屠宰场的基本情况，熟悉农场或屠宰场的整体布局、各类圈舍或宰前/屠宰设施分布、在栏动物、计划选择的评估点及其位置，并提前预约，获得许可。

（3）尽管不同的测量必须抽取不同数量的动物，但一旦选择了用于某种测量的动物，应尽可能运用到更多不同的测量中，以减少对畜禽群的频繁干扰和评估时间。

（4）在许多测量中，评估动物的数量应达到一定规模。例如，每家养殖场仔猪 10 窝或以上，其他动物 30～150 头。

（5）对某些测量，例如体况，应在不同生长阶段或繁殖阶段（早期、中期、晚期）均衡取样测量；但对与生长阶段或繁殖阶段无关的一些测量，做到有代表性的抽样测量即可。

（6）对同一生长阶段或繁殖阶段的动物，养殖场采用了多种类型的畜禽舍或多种养殖方式，应确保每种类型的畜禽舍或每种养殖方式都能取样测量。

（7）对不同生长阶段或繁殖阶段的动物饲养在同一间或同一栋畜禽舍内，必须确保在整个畜禽舍均匀取样测量，只要可能则不从毗邻的圈栏取样测量。如果一间或一栋畜禽舍内有很多小圈，则应测量畜禽舍两端以及中间的圈栏。

（8）当相似生长或繁殖阶段的动物以相对小群饲养时（每圈 ≤ 6 头），应按每圈动物进行取样测量，而不是在许多不同的圈中只对其中一部分（如 1～2 头）动物取样测量。

（9）当相似生长或繁殖阶段的动物以相对较大群饲养时（每圈 ≥ 6 头），应从不同圈挑选有代表性的动物进行测量评估。例如，妊娠母猪妊娠早期、中期、晚期每一阶段都有 2 圈，每圈饲养 25 头母猪，则应在妊娠的 3 个阶段，每个圈均挑选 5 头母猪进行测量评估。

（10）当相似生长或繁殖阶段的动物以大群饲养（每圈 >100 头）时，应随机挑选动物测量。测量时，应先入圈，选择看到的第一头（只）动物，进行所有可能的测量评估，然后转向看到的第四头（只）动物，继续进行所有必要的评估，直到完成所有必要头（只）数的动物评估。

（11）当不同生长或繁殖阶段的动物以大群（每圈 >100 头）混养时，应先根据生长或妊娠阶段识别动物，再按照上述随机挑选原则完全随机选择动物进行评估。

（12）随机挑选评估动物时，如果观察到遭受低福利的动物，却没有被选择评估，应记下该动物编号，并在记录表上进行说明，简要描述观察到的问题及处理建议，以方便日后追溯。

（13）在屠宰场评估畜禽在养殖或运输过程中的福利状况时，可以在两个独立、分开的时段，各观察屠宰线 5 分钟，记录观察到的总动物数、出现每种测量状况的动物数量，计算该测量发生或某一等级发生的比例，或者查看屠宰场记录，获取各种测量发生的比例。

（14）对于群养动物，应记录每圈的动物头数。

（15）应根据每圈群体大小决定评估总圈数：小群（每圈<15头）评估4圈，大群（每圈>40头）评估1圈，中等群评估2圈。如果畜禽群过大，不能看清圈中所有动物，则需要估测观察到的动物头（只）数。

（16）对某些测量，应选择该测量最容易观察、最能反映动物健康状况的阶段。例如，评估子宫炎时，要挑选处于配种和分娩阶段的母畜（每个阶段15头）。

5.2.4 农场动物福利关键控制点测量项目评估方法案例

农场动物福利关键控制点测量项目非常多，例如没有疾病的关键控制点就有咳嗽、打喷嚏、流鼻涕、直肠脱垂、腹泻、便秘、子宫炎、乳房炎、子宫脱垂、皮肤病、疝气、局部感染等，甚至屠宰场检查项目（屠宰后的胴体肺炎、胸膜炎、心包炎等发生情况）也能用来评估动物在养殖场的福利状况，合计测量项目多达几十种。有的测量项目在各种农场动物中具有通用性，评估方法相同或稍有调整，例如饲养密度、体况评分；有的测量项目则是某类动物或某几类动物独有，例如母猪的肩伤、肉鸡和蛋鸡的断喙。限于篇幅，本书只选择部分通用性强的测量项目以及某种动物种属特异性强的重要测量项目进行介绍。表5-1、表5-2介绍的其他评估项目，读者很容易开发出相关的评估方法，甚至针对不同的养殖系统或本书未涉及的动物种类，读者也可以开发出新的评估项目及其评估方法。

5.2.4.1 动物在养殖场的福利状况测量项目

表5-3至表5-23介绍了养殖场动物福利关键控制点主要测量项目的评估方法。

表5-3 没有长时间饥饿关键控制点——体况评分

适用范围	基于动物的测量：母猪，在妊娠中、晚期以及断奶时母猪饲养舍评估
方法描述	确保所有母猪都处于站立状态 从后部和侧面观察母猪，特别观察母猪的骨骼状况 能明显看到脊柱、臀部、腿部的骨骼，然后触诊 按以下的等级来评估母猪的体况
等级	**个体水平** 0- 评估员需要用力用手掌按压，才能感觉到臀部骨骼和脊柱 1- 评估员手掌不需用力按压，就能感受到臀部骨骼和脊柱 2- 母猪看起来非常瘦，臀部骨骼和脊柱极其明显 **群体水平** 得分为0、1、2分的妊娠母猪或泌乳母猪占比（%）

表 5-4 没有长时间饥饿关键控制点——采食空间

适用范围	基于资源的测量：蛋鸡，在产蛋鸡舍评估
方法描述	根据喂料器类型，计算可用喂料器的总数或长度。首先，应记录喂料器的类型（圆盘、轨道式或链条式），以便获得每只鸡占有的喂料器采食空间 圆盘喂料器：计算一个圆盘喂料器的周长（厘米），乘以圆盘喂料器的数量，除以鸡的只数 轨道式或链条式喂料器：测量喂料器一边及末端的长度，排除鸡不能到达的位置（如角落），然后乘以喂料器的数量，得出总长度。对于可以从两边采食的料槽，长度乘以2，然后将总采食长度除以实际饲养的鸡只数
等级	以每只鸡占有的采食长度（厘米）分级

表 5-5 没有长时间口渴关键控制点——饮水供应

适用范围	基于资源的测量：生长猪，在猪舍评估
方法描述	应从以下3个方面观察每圈猪的饮水供应情况： ① 饮水位数量 ② 饮水器功能 ③ 饮水器清洁度 饮水位是指一头猪在饮水时不受干扰的空间。饮水位数量可以指每个个体饮水器的一个位置，也可以指每个"长"饮水器的几个位置。如果是液体饲喂的猪，也应将喂料器考虑为饮水位 清洁卫生的饮水器应没有粪便、发霉等污迹 评估员在访问过程中可以证实管理者提供的信息。在此过程中，评估员评估饮水器的类型（管、碗或槽）以及其长度（如果可能）或数量、清洁度和饮水器的功能状态如何
等级	**群体水平** 饮水位数量： 0- 饮水位充足（每头猪至少有两个饮水位可供使用） 2- 饮水位不够 饮水器功能： 0- 饮水器正常工作 2- 饮水器无法正常工作 饮水器清洁度： 0- 清洁 2- 脏污

表 5-6　舒适的休息环境关键控制点——灰尘

适用范围	基于资源的测量：蛋鸡，在鸡舍评估
方法描述	使用黑色 A4 纸进行灰尘测试。测试时，进入鸡舍后，在蛋鸡活动区选择一点，要求鸡够不到，且不靠近易产生灰尘的喂料设备或其他设备，然后平放一张黑色纸。评估结束时（距离放纸的时间约 20 分钟）回收，用手指在纸上写字，以判断纸上落下的灰尘量，并分类如下： a– 无 b– 少 c– 薄薄覆盖一层 d– 大量灰尘 e– 看不见纸的颜色
等级	0– 没有灰尘（得分为 a） 1– 少量灰尘（得分为 b 或 c） 2– 有灰尘（得分为 d 或 e）

表 5-7　舒适的休息环境关键控制点——动物清洁度

适用范围	基于动物的测量：育肥牛，在牛舍评估
方法描述	清洁度是指动物身体部位的脏污程度。在 2 米内，查看焦点动物一侧，尽可能多地看到其下腹部，但不包括头、颈、腕关节和跗关节以下的腿。动物身体部位的脏污程度分为： ① 覆盖的液体脏污 ② 脏污斑块，很厚一层脏污 必须确保随机选择被观察动物的一侧（左或右）。为了防止出现偏差，观察的动物左侧或右侧选择应在测量前完成。在大多数情况下，可以选择靠近动物时最先看到的那一侧
等级	个体水平 0– 脏污斑块覆盖少于 25%，或者液体脏污覆盖少于 50% 2– 脏污斑块覆盖 25% 或以上，或者液体脏污覆盖 50% 或以上 群体水平 脏污动物占比（%）

表 5-8　热舒适关键控制点——喘气

适用范围	基于动物的测量：母猪和仔猪、生长猪、育肥猪、肉鸡、蛋鸡，在养殖舍评估
方法描述	由于在休息的动物中最易观察到喘气行为，所以在初次进入畜禽舍时，站在圈外，或初次进入畜禽舍时，站在圈内，等待一段时间（约 10 分钟），让动物安定下来。 喘息是指在短时间内通过口快速地浅呼吸。通常，对于个体，观察 10～30 秒的动物侧腹起伏次数，再转换成每分钟喘气的次数；对于群体，检查所选的动物群，记录喘气的动物数和动物总数

等级	群体水平 0- 没有喘气 1- 在群养或一组动物中，小于 20% 的动物发生喘气 2- 在群养或一组动物中，大于 20% 的动物发生喘气

表 5-9　热舒适关键控制点——挤聚蜷缩

适用范围	基于动物的测量：母猪和仔猪、生长猪、育肥猪、肉鸡、蛋鸡，在养殖舍评估
方法描述	由于在休息的动物中最易观察到挤聚蜷缩行为，所以在初次进入畜禽舍时，站在圈外，或初次进入畜禽舍时，站在圈内，等待一段时间（约 10 分钟），让动物安定下来 挤聚蜷缩是指当某一动物一半以上身体与另一动物相接触（或直接躺在另一动物身上）。如果动物只是并排挨着躺卧，或者不是因为寒冷而聚集，则不考虑为挤聚蜷缩行为 记录挤聚蜷缩动物数和休息的动物总数
等级	群体水平 0- 没有观察到动物挤聚蜷缩 1- 在群养或一组处于休息状态的动物中，小于 20% 的动物挤聚蜷缩 2- 在群养或一组处于休息状态的动物中，大于 20% 的动物挤聚蜷缩

表 5-10　容易活动关键控制点——限位栏

适用范围	基于资源的测量：母猪，在猪舍评估
方法描述	妊娠母猪、哺乳母猪使用限位栏饲养时，能够很容易地站起和躺下，且拥有舒适的躺卧区，则限位栏是合适的 评估时记录限位栏的大小，观察母猪及其躺卧区地面状况
等级	个体水平 0- 限位栏满足母猪的需要 2- 限位栏不能满足母猪的需要

表 5-11　容易活动关键控制点——饲养密度

适用范围	基于资源的测量：肉鸡、蛋鸡，询问鸡场或者在鸡舍测量进行评估
方法描述	鸡舍面积： 测量鸡舍的内部尺寸。如果养殖场告知了鸡舍面积，则可通过测量鸡舍长度和宽度进行验证；如果养殖场没有告知鸡舍面积，则测量鸡舍的长度、宽度，计算得到鸡舍总面积，减去舍内设施（喂料器、饮水器、建筑物的结构等）所占面积，获得动物的可用面积 可使用超声波或激光测距仪进行测量（在多尘环境或强光下影响测量效果）；此外，测量大型鸡舍的一个实用方法是测量一个开间再乘以开间的数量，或者测量一组饲养单元（笼或围栏）再乘以单元总数

（续表）

方法描述	动物数量： 查看入舍鸡只数量、死亡鸡只数量，计算实际的鸡只数量，与出栏屠宰的鸡只数量进行验证。只要批次的可追踪性好，就能获得准确的数据 动物体重： 饲养员通常称量少量鸡只体重来计算某一年龄段的动物体重。一些使用了自动秤的养殖场可以给出鸡只的平均重量，然而不能获得雏鸡、病鸡、跛腿鸡的体重
等级	按单位面积（米^2）上动物的只数或重量（千克）分级

表5-12 容易活动关键控制点——湿滑地面

适用范围	基于资源的测量：犊牛，在犊牛舍评估
方法描述	随机选择10圈，观察地面状况，并就湿滑度给出定性评分 ①地面不滑 ②地面有点滑：干混凝土漏缝地面、铺有一层稻草（约10厘米厚）的地面 ③地面适度湿滑：带平面和防滑功能的干硬木板条、湿混凝土（板条）地面 ④地面易滑：表面因尿液和粪便而潮湿的硬木条，可能有（也可能没有）防滑装置 ⑤地面很滑：很难站稳，犊牛不能轻松安全地移动。例如，在表面为圆形而不是平面的旧硬木板条上，由于尿液和粪便而变得湿滑，有或没有防滑设施都可以观察到这一点 ⑥地面非常滑：地面上有足够大的开口，犊牛的腿可能会陷进去，例如缺少板条
等级	群体水平 0- 地面不滑 1- 地面有点滑 2- 地面适度湿滑 3- 地面易滑 4- 地面很滑 5- 地面非常滑

表5-13 没有损伤关键控制点——跛腿

适用范围	基于动物的测量：母猪、生长猪、育肥猪、肉鸡、育肥牛、奶牛、犊牛，在养殖舍评估
方法描述	应确保能从各个角度（前面、侧面和后面）尽可能清晰地观察到动物 跛腿是指在正常活动过程中动物不能使用一条或多条腿。严重程度变化很大，从能力下降、无法承受重量到完全卧地不起 应对选定测量的畜禽舍或饲养单元所有动物在走动时进行评估。根据以下标准对动物个体的走步情况进行评估
等级	个体水平 0- 没有跛腿。正常走动，步态和承重的时间在四条腿上相同 1- 中度跛腿。猪只走动节奏不一致，且有的腿承重困难 2- 严重跛腿。极不愿意用受影响的腿承受重量，或者不能走动

（续表）

	群体水平 没有跛腿（0分）的动物占比（%） 中度跛腿（1分）的动物占比（%） 严重跛腿（2分）的动物占比（%）

表5-14　没有疾病关键控制点——便秘（肠道疾病）

适用范围	基于动物的测量：母猪，在猪舍评估
方法描述	当动物的粪便坚硬像兔粪时，可认为动物便秘 检查动物的粪便：当母猪被饲养在限位栏系统中，查看限位栏后部是否有坚硬的粪便；当母猪被饲养在其他系统中，查看排泄区
等级	圈栏水平： 0- 没有坚硬的粪便情况 2- 有坚硬的粪便情况

表5-15　没有疾病关键控制点——腹水症

适用范围	基于动物的测量：肉鸡，利用屠宰场的记录评估
方法描述	腹水症是指由心功能不全引起的组织液在肺、气囊和腹部的积聚 从屠宰场返回养殖场的动物胴体质量记录中获得数据。在该记录中，查阅、摘录屠宰场动物胴体处理分拣处记录的腹水症肉鸡数量及同批屠宰的肉鸡总数量等信息
等级	**群体水平** 患有腹水症的肉鸡占比（%）

表5-16　没有疾病关键控制点——咳嗽

适用范围	基于动物的测量：犊牛，在犊牛舍评估
方法描述	犊牛从嘴里发出呼气声音，可视为犊牛咳嗽的症状
等级	**个体水平** 0- 无咳嗽 2- 咳嗽 **群体水平** 没有咳嗽犊牛（0分）占比（%） 咳嗽犊牛（2分）占比（%）

表5-17　没有因管理不当而导致的疼痛关键控制点——断尾

适用范围	基于管理的测量：母猪、仔猪、生长猪、育肥牛、奶牛、犊牛，通过交流进行评估
方法描述	询问动物饲养员关于断尾的管理程序，包括断尾动物的比例、动物断尾的日龄以及在实施断尾过程中是否使用麻醉剂和镇痛剂

（续表）

等级	群体水平 0- 没有实施断尾程序 1- 在使用麻醉剂或镇痛剂的情况下实施断尾程序 2- 在实施断尾程序时，没有使用麻醉剂或镇痛剂

表5-18　没有因管理不当而导致的疼痛关键控制点——断喙

适用范围	基于管理的测量：蛋鸡，在鸡舍评估
方法描述	断喙会导致鸡喙异常 在圈养、厚垫料或板条地面饲养系统中，随机逐只观察鸡群中的鸡；在笼养系统中，选择鸡舍不同区域和不同层次的鸡进行观察。观察时，检查上、下喙截短状况，并评分
等级	个体水平 0- 无断喙、喙无异常 1- 中度至轻度断喙，导致中度异常或无异常；或者没有断喙，但喙仍然出现异常 2- 严重断喙，喙出现明显异常

表5-19　表达社会行为关键控制点——积极或消极的社会行为

适用范围	基于动物的测量：母猪、生长猪，在猪舍评估
方法描述	应在动物较活跃的早晨观察。如果动物不是自由采食，则在采食时段以外进行观察，至少在早晨采食后1小时进行 开始评估前，应先进入猪舍，记录每栏/每群的动物数量，并且确保所有动物都处于站立状态。如果有必要，拍手，轻轻抚拍猪，5～10分钟后从通道观察2分钟，期间采取相同间隔切片扫描方式，记录5次动物瞬间的行为状态 记录的动物行为如下： 消极的社会行为，包括啃咬或攻击性社会行为，并引起受干扰动物的反应 积极的社会行为，包括嗅、闻、舔，受干扰动物轻轻地离开，没有攻击性或逃跑反应 没有表现出积极或消极社会行为或探索行为的动物，应记录为"休息"或"其他"。"其他"是指其他活跃行为，如采食、饮水或嗅闻空气
等级	群体水平 表现积极社会行为的动物头次数在观测点动物总头次数中的占比（%） 表现消极社会行为的动物头次数在观测点动物总头次数中的占比（%）

表5-20　表达其他行为关键控制点——刻板行为

适用范围	基于动物的测量：母猪，在猪舍评估
方法描述	应在动物较活跃的早晨观察，但需避开采食时间，一般与社会行为测量同时进行

（续表）

方法描述	刻板行为是指动物进行的一系列重复不变的动作，且对动物没有明显的好处或目的，主要包括假嚼（母猪嘴里什么都没有）、卷舌、磨牙、咬圈栏/料槽/饮水器、舔地面 评估员应观察母猪以确定其是否表达刻板行为 对限位栏或小群饲养（<10头）的母猪，观察选定的每头母猪，确定母猪是否表达刻板行为；对>10头的群养母猪，进入围栏并用家畜喷雾标记工具标记出要评估的母猪子样本，观察标记的每头母猪，确定其是否表达刻板行为
等级	**个体水平** 0- 没有观察到刻板行为的动物占比（%） 2- 观察到刻板行为的动物占比（%）

表 5-21　表达其他行为关键控制点——富集材料及使用

适用范围	基于动物的测量：蛋鸡，在鸡舍和舍外放养区评估
方法描述	检查鸡舍内和周围区域的富集材料。富集材料可能包括供动物操作的额外材料（例如供啄玩的吊起绳子、一捆干草）、使环境不那么贫瘠的结构（例如放养区的棚顶、尘浴区） 记录检查区域是否有任何富集物以及是否被动物利用
等级	**群体水平** 0- 50%～100% 的动物正在使用富集材料 1- 小于 50% 的动物正在使用富集材料 2- 没有可用的富集材料或没有动物正在使用富集材料

表 5-22　良好的人畜关系关键控制点——逃避距离

适用范围	基于动物的测量：肉鸡、蛋鸡、育肥牛、奶牛、犊牛，在养殖舍评估
方法描述	**肉鸡** 走入垫料区内的动物群中，蹲下 10 秒，然后在一臂距离内（即在评估员 1 米范围内）统计动物数。每一次接近一群动物即为一次测量。在鸡舍内不同地点进行约 20 次的重复测量，以避免重复评分的动物。在每次测量中，记录一臂距离之内的动物数量，计算平均值 **蛋鸡** 根据垫料、鸡笼饲养两种不同系统，选择 3 个不同的垫料区或过道沿着升高的板条地面或成排的鸡笼进行测量。理想情况下，这 3 个区域或过道应反映鸡舍的不同区域 垫料系统： 平行于板条地面，慢慢走过垫料区，距板条地面区边缘 1.5 米。评估员将手固定在腹部前方，正好处在鸡爪的正上方，并与之成一条直线。当一只鸡伏在板条地面的边缘时，转身面向该鸡站着，然后以 1 步/秒的速度走近该鸡，看着它的爪趾。当该鸡转身或后退时（两只爪向旁边移动或远离），测量从评估员的手到转身或后退前该鸡爪所在位置的距离

（续表）

笼式系统：
测量在评估员可以平视的笼层中进行（通常对应于第 2 或第 3 层，取决于笼的设计）。评估员以小步沿着过道行走，身体距离笼前 60 厘米。行走时，评估员选择将头（包括鸡冠）伸出笼前铁丝网的任意鸡只，面向该鸡，水平伸出一只手，并以 1 步 / 秒的速度从 60 厘米处（从手到笼前）开始接近该鸡，直到该鸡缩回笼子或者手放在该鸡身体前方 15 厘米处，然后测量从评估员的手到笼前钢丝网的距离，并计算多次测量的平均距离

育肥牛、奶牛
站在饲喂通道，距离被测动物 3 米（育肥牛）或 2 米（奶牛）（如果可能的话）。动物的头部必须完全越过饲喂架 / 轨道。如果无法在动物面前 3 米或 2 米的距离接近它们，那么选择一个与饲喂架 / 轨道呈 45°的角度，从 3.5 米或 2.5 米的距离开始。如果达不到 3.5 米或 2.5 米的距离，继续评估，但在记录纸上记下可能的最大距离

确保动物是专注的或注意到评估员的存在。如果动物专注不明显，分心也不明显，则可以进行测量。吸引动物注意力的一个方法是在它们面前做一些动作（在 3 米或 3.5 米的起始位置）

以 1 步 / 秒的速度和大约 60 厘米的步幅接近动物，手高举过肩，与自己身体约呈 45°。当接近动物时，以手背指向动物。不要看动物的眼睛，但要看它的嘴。继续走向动物，直到动物出现撤退迹象，或者直到可以触摸到它的鼻、嘴。撤退行为包括动物向后移动、将头转向一侧、将头向后拉试图离开饲喂架 / 轨道甚至摇头

在动物开始撤退时，估计逃避距离（即动物撤退时评估员手与动物嘴之间的距离），可能在 10～300 厘米，以 10 厘米为估计单元。如果撤退距离低于 10 厘米，测量结果仍记录为 10 厘米。如果能触摸到动物鼻、嘴，则逃避距离记录为 0 厘米

确保在接近动物时，手总是最先靠近动物，而不是膝盖或脚。特别是当接近正在采食的动物或它们的头处于较低位置时，要稍微弯曲身体以尝试触摸它们

请注意邻近的动物，由于它可能受到刚被测量动物的影响，因此应稍后测量为了减少邻近动物测量结果可能受到影响的风险，可以选择每隔一头动物进行测量

犊牛
进入围栏，或者如果需要唤醒犊牛，则在围栏内等待 1 分钟，让犊牛习惯评估员的存在。评估员选择站在一头犊牛（小群：任何 1 头；大群：预选名单中的 1 头）前面，距离约 2 步，并进行眼神交流。

评估者缓慢地（1 步 / 秒）迈向犊牛 1 步，伸展手臂，双脚并拢静止站立 1 秒，注意犊牛是否静止不动（即前腿是否移动）。评估者迈向犊牛第 2 步（同样 1 步 / 秒），双脚并拢静止不动，持续 1 秒，再次注意犊牛是否静止不动。如果犊牛站着不动，评估员试着触摸犊牛的嘴，或者犊牛接近评估员并进行接触。尝试接触的最长时间为 5 秒。评估员记录该接触是否成功，包括记录犊牛的耳标号及评分：

（续表）

方法描述	a– 没有眼神交流 b– 眼神交流，第 1 步导致后退 c– 第 1 步成功，第 2 步导致后退 d– 第 2 步成功，犊牛不让触摸 e– 犊牛可以触摸 对每头犊牛，可最多尝试 3 次，以成功地进行眼神交流。如果评估员经过 3 次尝试机会，没能实现眼神交流（犊牛主动回避），记录为"没有眼神接触"。在大群中，如果不可能接近犊牛（犊牛待在围栏的另一边，躲在其他犊牛后面），记录为"没有眼神接触" 站立不动是指，评估员迈出 1 步或触摸到犊牛后（即它的前腿没有移动），犊牛保持朝向评估员 逃跑行为是指，犊牛通过向后移动或转身（即不再面向评估员）来远离评估员 对小群饲养，测量围栏中的所有犊牛；对大群饲养，测量围栏中随机选择的犊牛，选择头数取决于农场中围栏数量
等级	**肉鸡，群体水平** 一臂距离之内的动物数量占比（%） **蛋鸡，个体水平** 记录评估员的手与母鸡的爪之间的平均距离（厘米） **育肥牛、奶牛，个体水平** 0– 可以触摸动物 1– 可以在 50 厘米之内接近动物，但不能触摸动物 2– 可以在 50～100 厘米接近动物 3– 不能在 100 厘米之内接近动物 **育肥牛、奶牛，群体水平** 可以触摸的动物占比（%） 可以在 50 厘米之内接近但不能触摸的动物占比（%） 可以在 50～100 厘米接近的动物占比（%） 不能在 100 厘米之内接近的动物占比（%） **犊牛，群体水平** 允许评估员按方法描述的 2 步接近（评分 d 和 e）的犊牛占比（%）

表 5-23　积极的情绪状态关键控制点——定性行为评估

适用范围	基于动物的测量：母猪、仔猪、生长猪、肉鸡、蛋鸡、育肥牛、奶牛、犊牛，在养殖舍评估
方法描述	选择 1～8 个观察点（根据农场的大小和结构而定），要覆盖农场的不同区域。确定访问这些观察点的顺序，等待几分钟允许动物回到不被干扰的状态。选择一个能很好地观察动物的位置，并从群体水平上观察动物活动情况。总观察时间不应超过 20 分钟，所以每个观察点花费的时间随选取的农场观察点数目而变。

（续表）

方法描述	当选择的点观察完成后，找一个安静处，利用125毫米刻度视觉模拟量表（visual analogue scale）给20种情绪描述词打分。请注意在观察期间不要打分，而且每家农场只给出一个综合评估 每个视觉模拟量表左侧表示最小值，右侧表示最大值。最小值表示评估员所看到的任何动物该种情绪活动完全缺失，最大值表示所有观察的动物该种情绪活动占主导。注意一个最大评分可能表示多种情绪活动，例如动物可以表现为完全放松和完全满足 为了评估每种情绪活动，在适当的点画一条线横过125毫米刻度。该情绪的测量是量取从最小的点到穿过刻度线的点的毫米距离。不要跳过任何一种情绪活动评估 请注意，评估负面情绪时在评分前写上负号，例如悲伤的或紧张的。随着评分变高，表明该情绪变得更负面，而不是更正面 评估母猪和仔猪20种情绪定性行为的描述词如下，其他动物（生长猪、肉鸡、蛋鸡、育肥牛、奶牛、犊牛）情绪描述词可作适当调整 ○积极的　　○享受的　　○活泼的 ○放松的　　○挫折的　　○漠不关心的 ○害怕的　　○善于交际的　○急躁的 ○激动的　　○厌恶的　　○漫无目的的 ○安静的　　○好玩的　　○愉快的 ○满足的　　○积极占有的　○悲伤的 ○紧张的　　○无精打采的
等级	**群体水平** 从最小值到最大值所有20种情绪定性行为的连续评分，转换成一个加权和指数，通过样条函数，计算动物情感状态的得分（100分制），进而分级

5.2.4.2 动物在屠宰场的福利状况测量项目

在屠宰场，动物的状况、对动物的处置方式、宰后胴体伤痕及病症都可以被开发成评估动物在屠宰场甚至宰前运输阶段福利水平的测量项目。运输、屠宰环节是动物生命结束前的必经阶段，虽然这个阶段在动物一生中时间很短，但动物受到的应激种类多、强度大，往往对动物造成最强烈、最集中的巨大挑战，从而影响动物福利状况。粗暴操作极易造成人畜关系紧张，严重时不但影响动物运输与屠宰的安全和效率，还会影响胴体品质乃至食品安全。目前已开发的评估动物在屠宰场福利状况的测量项目还不完全，表5-24至表5-35介绍了屠宰场动物福利关键控制点主要测量项目的评估方法。

表 5-24 没有长时间饥饿关键控制点——饲料供应

适用范围	基于资源的测量：育肥猪、肉鸡、育肥牛，在待宰圈测量
方法描述	访问开始时，向屠宰场生产经理了解动物在待宰栏中的饲料供应情况（包括供应时间和供应量，以确定饲料是否充足），观察待宰时间最长或过夜的圈栏，验证动物的饲料供应情况 同时，查看动物到达屠宰场时由承运人提交的养殖场停料时间、装载和运输所需时间的相关记录，弄清楚停料总时间（装载前养殖场停料时长、运输停料时长、待宰圈停料时长之和） 在评分表中评分
等级	**育肥猪** 0- 动物在待宰圈小于 3 小时，期间没有饲料供应；或者动物在待宰圈大于 3 小时，期间有饲料供应 1- 动物在待宰圈 3～12 小时，期间没有饲料供应 2- 动物在待宰圈超过 12 小时，没有饲料供应 **肉鸡** 按停料总时间（小时）从短到长分级 **育肥牛** 根据待宰栏饲料提供情况从完全不提供到充足提供分级

表 5-25 没有长时间口渴关键控制点——饮水供应

适用范围	基于资源的测量：育肥猪、肉鸡、育肥牛，在待宰圈测量
方法描述	访问开始时，向屠宰场生产经理了解动物在待宰栏中的饮水供应情况（包括饮水器数量、是否可用、是否清洁），观察评估待宰时间最长或过夜的圈栏，验证动物的饮水供应情况；如果可能，记录饮水器类型（管、碗或槽）、数量（长度、宽度、高度）、清洁度、是否能用以及会否弄伤动物 同时，查看动物到达屠宰场时由承运人提交的养殖场停水时间、装载和运输所需时间的相关记录，弄清楚停水总时间（装载前养殖场停水时长、运输期间停水时长、待宰圈停水时长之和） 在评分表中打分
等级	**育肥猪** 0- 供水设施合格 1- 供水设施不合格 **肉鸡** 按停水总时间（分钟）从短到长分级 **育肥牛** 根据待宰栏正常供水的圈栏占总圈栏比例（%）分级

表 5-26　舒适的休息环境关键控制点——休息区地面

适用范围	基于管理和资源的测量：适用于育肥猪、育肥牛，在待宰圈测量
方法描述	检查屠宰场所有待宰圈，评估其地面是否有可能引起动物损伤的结构，或者为了避免地面太硬铺设橡胶垫的情况
等级	**育肥猪** 0- 地面很安全，不会引起动物损伤 1- 评估的待宰圈有一圈地面可能会对动物造成损伤 2- 评估的待宰圈有多圈地面可能会对动物造成损伤 **育肥牛** 根据待宰栏铺设橡胶地面占总地面的比例（%）分级

表 5-27　舒适的休息环境关键控制点——垫料

适用范围	基于管理和资源的测量：育肥猪、育肥牛，分别在运输车上或待宰圈测量
方法描述	检查运输车上或屠宰场所有待宰圈是否有足够的垫料供动物躺卧。垫料种类、长短也是评估点，较长稻草（>10厘米）为首选
等级	**育肥猪** 0- 评估的所有运输车都为动物铺上了足够的垫草 1- 在评估的运输车中，有1～2辆没有为动物铺上足够的垫草 2- 在评估的运输车中，多于2辆没有为动物铺上足够的垫草 **育肥牛** 根据待宰栏铺设垫料的圈栏占总圈栏的比例（%）分级

表 5-28　热舒适关键控制点——颤抖

适用范围	基于动物的测量：育肥猪，在卸载时和待宰圈测量
方法描述	颤抖是指部分或全部猪体缓慢、没有规律地颤动 在卸载时或者站在待宰圈外，目测评估运输车或待宰圈中的所有动物；尽可能评估最后卸载的动物
等级	**运输车的群体水平** 颤抖动物的占比（%） **待宰圈的群体水平** 0- 在待宰圈没有观察到猪只颤抖 1- 在待宰圈观察到最多有20%的猪只颤抖 2- 在待宰圈观察到超过20%的猪只颤抖

表 5-29　热舒适关键控制点——喘气

适用范围	基于动物的测量：育肥猪、肉鸡，在卸载时和待宰圈测量
方法描述	喘气是指短促、快速张嘴呼吸，身体直起，防止过热 在卸载时或者站在待宰圈外，目测评估运输车或待宰圈中的所有动物；或者观察运输车的前部、中部和后部动物；尽可能评估最后卸载的动物
等级	运输车或待宰圈的群体水平 0- 在运输车或待宰圈没有观察到动物喘气 1- 在运输车或待宰圈观察到最多有 20% 的动物喘气 2- 在运输车或待宰圈观察到超过 20% 的动物喘气 或者 在运输车或待宰圈喘气动物的占比（%）

表 5-30　热舒适关键控制点——蜷缩抱团

适用范围	基于动物的测量：育肥猪，在待宰圈测量
方法描述	站在圈外，先评估本项目，因为其他项目的评估可能会影响动物的活动，进而妨碍本项目的评估 蜷缩抱团是指一头猪的大部分身体与另一头猪相接触（或直接躺在另一头猪上面）。如果猪只只是一头挨一头躺着，就不是蜷缩抱团 出现蜷缩抱团的动物占比与休息猪只的头数有关。本项目只考虑休息的动物，因此占比计算与圈或群中的动物总数没有关系
等级	群体水平 0- 在待宰圈没有蜷缩抱团行为的猪只 1- 在待宰圈休息的猪只中，少于 20% 出现蜷缩抱团行为 2- 在待宰圈休息的猪只中，多于 20% 出现蜷缩抱团行为

表 5-31　容易活动关键控制点——滑倒/跌倒

适用范围	基于动物的测量：育肥猪、育肥牛，在卸载、向待宰圈驱赶时测量
方法描述	滑倒是指动物失去平衡，失去立足点或蹄脚在地面上滑动，身体下压，可能与运动中断有关。跌倒是指动物失去平衡，一部分身体（不包括腿）与地面接触。如果一头站着的动物在跌倒时滑倒，那么它只会被算作为跌倒。当运输车的升降梯门打开时，由于拥挤动物坠落，则视为跌倒 对抽检到的运输车中所有动物，同时评估滑倒/跌倒的动物及其次数，尽可能站在高处评估，避免阻挡动物移动，减少对动物的干扰。观察区域包括： ① 运输车坡道和卸载区坡道 ② 如果屠宰场没有坡道，观察运输车坡道起点到地面斜坡的终点这段距离 ③ 如果运输车坡道后没有地面斜坡，观察从运输车坡道开始，直到运输车坡道结束后 3 米处 ④ 如果运输车后门有升降梯，当升降梯在地面上且其门开着时开始评估 最后计算滑倒/跌倒的动物头数占运输车中动物总头数的比例

| 等级 | 群体水平
滑倒/跌倒动物的占比（%） |

表 5-32　容易活动关键控制点——运输车、运输箱装载密度

适用范围	基于管理的测量：育肥猪、肉鸡，通过询问或观察评估
方法描述	通过询问或观察，了解运输车或运输箱装载的动物头数、运输车或运输箱地面面积，并记录。如果装载多层，应记录每层的数据
等级	按装载密度（千克/米^2）分级

表 5-33　没有损伤关键控制点——跛腿

适用范围	基于动物的测量：育肥猪、育肥牛，在卸载后动物移动到待宰圈时评估
方法描述	跛腿是指在正常活动过程中动物不能使用一条或多条腿。严重程度变化很大，从能力下降、无法承受重量到完全卧地不起 应对选定测量的运输车所有动物在走动时进行评估。根据以下标准对动物个体的走步情况进行评估
等级	个体水平 0- 没有跛腿。正常走动，步态和承重的时间在四条腿上一样 1- 轻度跛腿。猪只走动节奏不一致，且有的腿承重困难 2- 严重跛腿。极不愿意用受影响的腿承受重量，或者不能走动 群体水平 没有跛腿（0分）的动物占比（%） 轻度跛腿（1分）的动物占比（%） 严重跛腿（2分）的动物占比（%）

表 5-34　没有疾病关键控制点——到达时死亡动物

适用范围	基于动物的测量：育肥猪、肉鸡、育肥牛，在运输车上或卸载时评估
方法描述	运输到达时在运输车上或卸载时，观察所有动物是否有呼吸，没有呼吸则记录为死亡
等级	群体水平 死亡动物的占比（%）

表 5-35　没有因管理不当而导致的疼痛关键控制点——致晕有效性

适用范围	基于动物的测量：育肥猪，在屠宰场致晕后移动的屠宰线上评估
方法描述	致晕效果可由以下不同的指标评估。 ① 角膜反射。指用钝物（如写字笔）接触动物角膜，以评估动物的反应。如果动物眨眼，则角膜反射存在。如果动物眼睛不眨或闭得很慢，则没有角膜反射存在。在刺杀点周围评估角膜反射（尽可能在刺杀之前评估，如果不可能，刺杀后立即评估）

（续表）

方法描述	② 复原反射。恢复正常身体姿势的自主运动（如抬头或站起来） ③ 有节律的呼吸。通过观察躺着或吊挂在屠宰线上动物的呼吸运动，评估其是否存在有节律的呼吸。通过观察动物侧腹和嘴部的运动来评估 ④ 喊叫。直接观察每头动物是否喊叫 从致晕开始直到动物被刺杀后 1 分钟内（如果可能的话），评估动物个体的上述反应是否存在 注意要区分复原反射与电致晕后典型的阵发性痉挛，因为未经培训的评估员会混淆两者。经过训练就会很容易地区分阵发性痉挛，尽管动物会很用力地移动腿，但是它们并不试图"抬起头"或站起来。此外，当猪被二氧化碳致晕时，有节奏的呼吸或喊叫可能会与喘息的动作混淆。然而，有节奏的呼吸是侧腹的一种有规律的运动，而喘息是偶尔发生的和非周期性的活动
等级	**群体水平** 没有观察到角膜反射、复原反射、有节律的呼吸或喊叫的动物占比（%）

5.2.5 农场动物福利评估得分计算及福利类别的划分

从 5.2.4 中可以看到，在养殖场或屠宰场评估时，每个关键控制点基本上都有对应或有待开发的测量评估项目。大多数测量评估按照三分制评分，范围为 0～2 分。评估等级的选择是，0 分表示福利良好，1 分表示福利一般、勉强可接受，2 分表示福利差并且不可接受。在一些情况下，使用二分制（0/2 或是/否）或数值（如厘米、米^2），0、是、具体的数值（满足每项测量的阈值），则表示福利可以接受，反之则不可接受。

在养殖场或屠宰场完成所有项目评估测量后，需要采用自下向上的方法对场内动物福利进行总体评估：首先将收集的数据（养殖场或屠宰场内不同项目测量得到的测量值）进行整合，并计算出关键控制点得分；然后将关键控制点得分进行整合计算出 4 个原则要求（良好的饲喂、良好的饲养环境、良好的健康、适当的行为）得分；最后根据得到的动物福利原则要求得分，将该评估的养殖场或屠宰场动物福利状况划分成不同的等级。

5.2.5.1 农场动物福利评估得分计算

在少数情况下，某些测量可能与多项关键控制点有关，例如过差的体况评分可能是由于饥饿或疾病导致的，也可能二者皆有。为了避免重复计算，每项关键控制点大都具有对应的不同测量，但也有极个别情况采用相同的测量，例如牛进出牧场可以用来评估"容易活动"（尤其对于冬天拴系的育肥牛、奶牛）和"表达其他行为"这两项关键控制点，对此可以用不同的描述方式加以区分。将某项关键控制点相关的测量获得的测量值进行分析和整合，便可得出关键控制点评分，该评分可反映出动物所处状态与该关键控制点的符合程度，用来描述其符合程度的数值范围为 0～100：

① "0"代表动物福利的最差状况；

② "50"代表动物福利的中等水平；

③ "100"代表动物福利的最佳状况。

对于不同的关键控制点、动物种类及品种，测量项目的总数、测量出的数值范围以及测量的相对重要性都会发生变化，因此所计算出的评分也会发生相应的变化。一般来讲，主要有以下计算方法。

① 如果评估某项关键控制点的所有测量都在养殖场或屠宰场进行，且分成的类别数量有限，则可从最差（0分）到最佳（100分）整合成综合类型评分。例如，没有长时间口渴关键控制点很难直接从动物身上观察到，除非动物发生脱水的极端情况，故可以从饮水位数量、饮水器功能及饮水器清洁度 3 个方面评估每个圈栏的饮水供应，每个方面均分成 2 类，综合 3 个方面则可形成按评分从低到高（100 分制）的 8 个类别，饮水供应（没有长时间口渴）越好，分值越高。当然，每个方面的测量分类阈值应按动物的饮水需要预先给定。

② 如果某项关键控制点的某项测量，只对动物个体进行现场评估，则测量结果一般会给出某个项目的不同严重程度及其相应的动物比例。例如，对没有损伤关键控制点的跛腿评分时，获得的原始数据为没有跛腿（正常行走）的动物比例（%）、中度跛腿的动物比例（%）、严重跛腿的动物比例（%），以跛腿问题的严重程度作为权重（严重程度越高，其权重越高），可以计算出跛腿评分（分类变量）的加权和（weighted sum），最后通过跛腿指数转化成跛腿的 100 分制评分，跛腿越严重，分值越低。

③ 如果某项关键控制点有多项测量，例如没有疾病关键控制点中许多疾病的测量，或者其中每一主题有多项测量，且结果不属于同一类型。例如，舒适的休息环境关键控制点中与奶牛躺卧有关的测量包括躺下需要的时间、奶牛躺下时与饲养设备发生的碰撞、奶牛部分或完全躺在躺卧区之外 3 项，需要将测量的数据与警报阈值（正常与不正常之间的阈值，根据专业咨询和生产实践情况预先设

定）进行比较，获得每项测量超过警报阈值的动物比例（%），以每项测量对动物躺卧的重要性作为权重（越重要，权重越高），计算躺卧评分的权重和，最后通过样条函数转化成躺卧状况的100分制评分，躺卧问题越严重，分值越低。

④ 当某项动物福利原则要求包含多项差异性很大的关键控制点，或者某项关键控制点包括多个差异性很大的测量，以至无法获得各项关键控制点或各项测量之间的相对权重时，可利用Choquet积分进行汇总分析。例如，福利原则要求良好的健康包含没有损伤、没有疾病、没有因管理不当而导致的疼痛3项关键控制点。首先将3项关键控制点对应的评分按照由低到高的顺序进行排列，列出排第一的关键控制点评分；然后用排第二的关键控制点评分与排第一的关键控制点评分之差乘以该关键控制点组中评分较高的二项关键控制点"组合容度"；最后再用排第三与排第二的关键控制点评分之差乘以该关键控制点组中评分最高的关键控制点"容度"，将三者相加即得良好的健康原则要求评分。

所有得分转化为100分制后，无论动物福利评估的测量项目、关键控制点还是原则要求，均以设定好的阈值分级。例如，"极好"的阈值设定为80分，"好"的阈值设定为55分，"一般"的阈值设定为20分。

5.2.5.2 养殖场或屠宰场动物福利状况划分

根据动物福利具体测量评估后逐级整合得到的动物福利原则要求得分，可以将被评估的养殖场或屠宰场动物福利状况划分为"极好""好""一般""差"4个等级中的某一类别。"极好"代表该养殖场或屠宰场动物福利达到了最高水平，阈值设定为80分；"好"代表该养殖场或屠宰场动物福利状况良好，阈值设定为55分；"一般"代表该养殖场或屠宰场动物福利达到或超过了最低要求，阈值设定为20分；"差"表示该养殖场或屠宰场动物福利水平很低并且不可接受。

最终养殖场或屠宰场动物福利状况等级划分应反映出在实际生产中真正能够达到的水平。如果养殖场或屠宰场动物福利所有原则要求得分都高于55分，且其中有两项原则要求得分高于80分，则该养殖场或屠宰场动物福利状况可被评估为"极好"；如果养殖场或屠宰场动物福利所有原则要求得分都高于20分，且有两项高于55分，则该养殖场或屠宰场动物福利状况可被评估为"好"；如果所有原则要求得分都高于10分，且有三项高于20分，则该养殖场或屠宰场动物福利状况可被评估为"一般"。如果养殖场或屠宰场动物福利所有原则要求得分没有达到以上三种情况的要求,则被评估为"差"。

需要特别注意的是,同一关键控制点的所有测量得分之间不能相互补偿,一个高的原则要求得分也不能补偿另外一个低的原则要求得分,即不能根据平均评分来划分评估的养殖场或屠宰场动物福利等级。

第六章

农场动物福利标准

　　世界动物卫生组织，也称国际兽疫局，是1924年1月25日建立的政府间国际组织，总部位于法国巴黎，截至2024年4月共有183个成员，与70多个国际和地区组织保持着长期关系，主要宗旨是改善全球动物和兽医公共卫生以及动物福利状况，愿景是帮助创造一个人类和动物相互受益、相互支持的未来，创造一个更健康、可持续的世界。目前设有5个区域办事处（非洲、美洲、亚太、欧洲和中东），主要任务是协调促进区域成员开展合作，研究解决区域动物疫病控制政策和技术问题。在全球动物卫生和食品安全领域，世界动物卫生组织发挥着重要作用，其制定的动物卫生标准是世界贸易组织《实施动植物卫生检疫措施协议》唯一认可的动物卫生标准，是各国开展动物及其产品贸易必须遵循的国际准则。

　　2007年，世界动物卫生组织第75届国际委员会大会通过决议，决定中华人民共和国作为主权国家——中国的唯一代表，恢复行使在世界动物卫生组织的合法权利与义务。自此，中国与世界动物卫生组织交流合作日益增多，并发挥着越来越重要的作用。

　　世界动物卫生组织非常重视动物福利工作。2000年5月，世界动物卫生组织将动物福利列入《世界动物卫生组织第三战略（2001—2005年）》重要工作；2002年成立动物福利工作组，领导世界动物卫生组织动物福利标准的制定和审查直至2017年；2012年设立动物福利国家联系人；目前建立了4个动物福利协作中心（南美、美国、大洋洲和意大利）。为加强与利益相关方的沟通，世界动物卫生组织前后组织召开了4次全球动物福利大会（巴黎，2004；开罗，2008；吉隆坡，2012；墨西哥，2016）、4次动物福利全球论坛（巴黎，2018；巴黎，2019；线上，2021；线上，2022）。在最新发布的《第七战略（2021—2025年）》中，世界动物卫生组织明确了支持各成员兽医部门提升动物福利管理的能力建设。

自2004年以来，世界动物卫生组织（WOAH）在主导制定的WOAH《陆生动物卫生法典》中纳入动物福利工作。首先，将动物福利定义为"动物在其生存和死亡过程中的身体和精神状态"，并指出动物福利与动物健康、人类健康和福利以及社会经济和生态系统的可持续性密切相关。不同地区、不同文化对动物福利的看法不同，动物对人类社会的贡献也是如此。正是出于这个原因，世界动物卫生组织始终坚持制定国际标准应有坚实的科学基础，必须确保所有利益相关方的广泛参与，同时对人类饲养和使用动物的系统应有一个整体的看法，并对动物福利产生实实在在的影响。世界动物卫生组织全球动物福利战略重点就是制定有关动物福利的国际标准，并充分发挥各成员和主要国际利益相关方的共商共建功能，着重强调发展兽医服务的能力，改善与利益相关方和政府的沟通，以提高对动物福利的认识，进而支持成员实施这些标准。

至今，WOAH《陆生动物卫生法典》第7部分《动物福利》（第31版，2023）发布或更新了14项陆生动物福利标准，不仅包括动物运输（海、陆、空运）、扑杀、屠宰以及流浪犬控制、实验动物使用，还涉及肉牛、奶牛、肉鸡、生猪的饲养以及工作用马科动物福利，完整文本可在WOAH网站www.woah.org查阅和下载。虽然这些标准没有获得世界贸易组织《实施动植物卫生检疫措施协议》认可，但它们都是国际上公认的基于科学的动物福利标准，并由世界动物卫生组织世界代表大会批准通过。

本书收录了6项动物福利标准，包括第7.3章陆运动物福利、第7.5章屠宰动物福利、第7.9章动物福利与肉牛生产系统、第7.10章动物福利与肉鸡生产系统、第7.11章动物福利与奶牛生产系统、第7.13章动物福利与猪生产系统，涉及农场动物全产业链——饲养、运输、屠宰3个环节，以方便读者了解世界上公认的动物福利最低标准要求，为发展动物福利国家、行业、团体乃至企业标准提供参考。

6.1 WOAH《陆生动物卫生法典》——陆运动物福利

6.1 由笔者根据 WOAH《陆生动物卫生法典》第 7 部分《动物福利》（第 31 版，2023）的英文原版翻译而成。

第 7.3 章 陆运动物福利

引言

本章提出的这些建议适用于以下活畜禽：牛、水牛、骆驼、绵羊、山羊、猪、家禽、马科动物以及其他畜禽，例如鹿、其他骆驼科动物和走禽。野生动物和野化动物可能需要不同的条件。

第 7.3.1 条

应尽可能缩短动物运输的时间。

第 7.3.2 条

1 动物行为

动物操作员应具有操作和驱赶农场动物的经验和专业技能，并了解动物的行为模式以及执行任务所需的基本原则。

动物个体或群体的行为会因品种、性别、性情、年龄以及饲养和操作方式而有所不同。尽管存在这些差异，家畜通常会表现出以下行为特点，应在操作和驱赶动物时加以考虑。

大多数家畜通常为群养动物，本能地跟随领头动物。

不应将可能对群体中其他动物产生敌意的动物混养。

设计装载和卸载设施、运输工具和运输容器时，应考虑动物具有控制其空间的需要。

如果人接近动物超过一定距离，家畜就会试图逃跑，这个临界距离就定义为逃离区（图7.1）。逃离区大小因动物种类和同种动物个体而异，取决于之前与人接触的经历。与人密切接触的动物（如驯养动物）逃离区较小，而散养或放养的动物逃离区可能从1米到数米不等。动物操作员应避免突然进入动物逃离区，否则会使动物恐慌，从而导致动物攻击或试图逃跑，损害其福利。

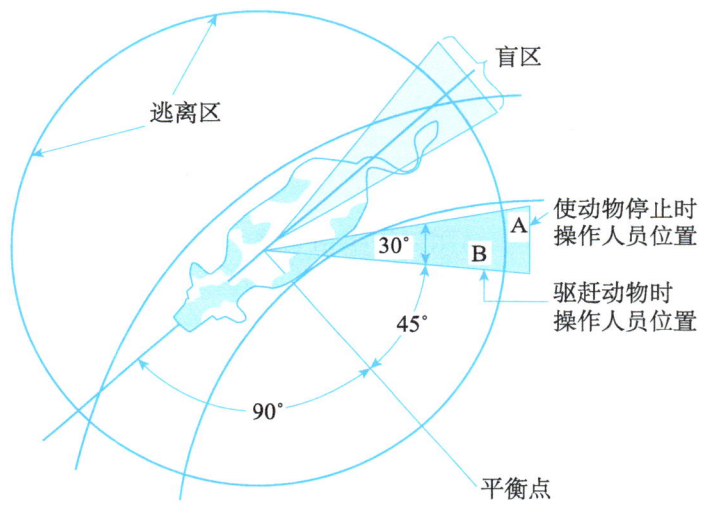

图7.1　逃离区图例（牛）

动物操作员应使用动物肩部的平衡点驱赶动物，在平衡点的后方向前驱赶动物，在平衡点的前方驱赶动物后退（图7.2）。

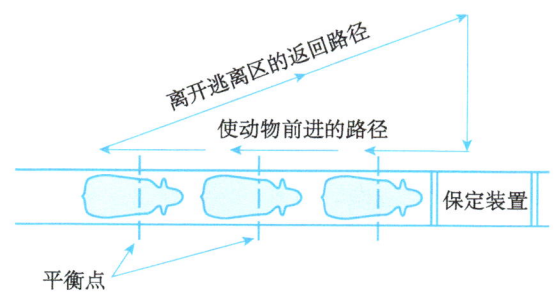

图7.2　操作人员驱赶牛移动的方式

家畜视野开阔，但双目的前方视野有限，深度感较差。这意味着它们可以探测到侧面和后方的物体及移动，但只能判断正前方的距离。

家畜嗅觉的敏感度高，对行程中遇到的不同气味有不同的反应。在管理动物时，应考虑引起负面反应的气味。

与人类比，家畜的听力频率范围更广，且对高频声音更敏感。家畜往往会被持续的高频噪声和突然的噪声惊吓而导致恐慌。操作动物时，应考虑动物对此类噪声的敏感性。

2 干扰及其移除

设计新装载和卸载设施或改造现有设施，应尽量减少因干扰导致接近的动物停下来、后退或折返的可能性。以下是常见的干扰及消除干扰的方法：

1）闪亮的金属或潮湿的地板出现反射光线——移开灯或改变照明；

2）入口暗——采用间接照明，不直接照射到靠近动物的眼睛；

3）人或设备在动物眼前移动——在斜坡和通道上安装实体挡板，或安装防护罩；

4）过道尽头——设计成弯曲通道或虚假通道，尽可能加以避免；

5）斜坡或围栏上悬挂的链条或其他松散物体——移除这些物品；

6）地板不平或突然下陷——避免地板表面不平或安装实体假地板，给动物提供一种地面坚固平坦、可连续行走的假象；

7）气动设备发出气动嘶嘶声——安装消声器，或使用液压设备，或使用柔性软管向外部环境排放高压气体；

8）金属物体的叮当声和撞击声——在大门和其他设备上安装橡胶挡块，以减少金属与金属的接触；

9）气流从风扇或气帘吹向动物面部——改变设备的方向，或重新放置设备。

第7.3.3条 职责

决定陆路运输动物后，需考虑的首要问题是动物在行程中的福利。这是所有相关人员的共同职责。本条款将详细说明相关人员需承担的职责。

相关人员的职责如下。

1）动物的所有者和管理者负责：

  a）动物的整体健康和福利状况，及动物对行程的适应性；

  b）确保符合任何必要的兽医认证或其他认证；

  c）在运输过程中，有一名熟悉所运输动物的动物操作员在场，并有权立即采取行动；如果仅用卡车运输，卡车司机可能是运输过程中唯一的动物操作员；

  d）装载和卸载过程中动物操作员人数足够；

  e）确保提供适合于所运输动物和行程的设备，并能够及时提供兽医援助。

2）商业或买卖代理商负责：

  a）选择适合运输的动物；

  b）在行程开始和结束时、行程途中的休息停靠点以及紧急情况下，应有适当的设施用于集中、装载、运输、卸载和暂养动物。

3）动物操作员负责：

  a）人道地操作和照料动物，尤其是在装载和卸载过程中，并负责维护行程日志；

  b）为了履行职责，他们有权在紧急情况下迅速采取行动。如果运输途中没有动物操作员，司机就是动物操作员，应履行动物操作员的职责。

4）运输公司、车主和司机负责规划行程路线，以确保动物得到照料，特别是要负责：

  a）根据运输的动物种类和行程路线选择合适的车辆；

  b）确保有经过适当培训的人员装载和卸载动物；

  c）在没有单独动物操作员的情况下，确保司机有足够的能力应对所运输动物种类的福利问题；

  d）制订并执行最新的应急计划，以应对紧急情况（包括恶劣天气条件），并将运输过程中的应激降至最低；

　　e）制订行程计划，包括装载计划、行程持续时间、行程中休息地点的位置；

　　f）判断动物是否适合运输，并正确地将其装载上车；运输过程中需要检查动物，当出现问题时，能迅速作出反应；必要时，应根据第7.3.7条第3款适运性的规定，由兽医或动物操作员检查，以判断动物是否适合运输；

　　g）动物在实际运输过程中的福利问题。

5）出发点和目的地以及途中休息点的设施管理人员负责：

　　a）提供用于装载、卸载和安全暂养动物的场所，必要时需提供水和饲料，防止恶劣天气条件，直到后续运输、销售或用作其他用途（包括饲养或屠宰）；

　　b）提供足够数量的动物操作员，将动物在装载、卸载、驾驶和暂养过程中的应激降至最低；如果没有单独的动物操作员，司机就是动物操作员；

　　c）尽量减少疫病传播风险；

　　d）提供适当的设施，必要时提供水和饲料；

　　e）提供适当的应急设施；

　　f）提供卸载后车辆清洗和消毒设施；

　　g）必要时，提供能够对动物进行人道扑杀的设施和称职人员；

　　h）确保休息时间适宜，尽可能减少停车期间的延迟。

6）主管部门的职责包括：

　　a）制定动物福利最低标准，包括在运输前、运输期间和结束后对动物进行检查的要求，确定适运性、适当的认证和记录标准；

　　b）制定运输动物的设施、运输容器和车辆的标准；

　　c）制定动物操作员、司机和设施管理人员在动物福利相关问题上的能力标准；

　　d）确保对动物操作员、司机和设施管理人员提供动物福利相关问题的适当知识和培训；

e）确保以上标准的实施，包括通过其他组织的认证或与其他组织的互动；

f）监测和评估动物健康水平和其他方面福利的有效性；

g）监测和评估兽药的使用；

h）给予动物优先过境，避免不必要的延迟。

7）参与动物运输和相关操作程序的所有人员，包括兽医，都应接受适当培训，并有能力履行其职责。

8）接收方主管部门应向发运方主管部门反馈行程中发生的重大动物福利问题。

第 7.3.4 条 专业技能

1）负责动物行程的所有人员都应具备执行第 7.3.3 条所列职责的专业技能。专业技能可通过正式培训或实践经验获得。

2）动物操作员专业技能评估至少应涉及以下方面的专业知识和应用这些知识的能力：

a）制订行程计划，包括适当的空间，以及饲料、饮水和通风要求；

b）负责行程中动物的福利，包括装载和卸载过程；

c）提供咨询和援助；

d）动物行为，疫病的一般症状，不良动物福利表现，例如应激、疼痛和疲劳，以及相应的缓解措施；

e）评估动物的适运性，如果有疑问，应由兽医进行检查；

f）相关部门和适用的运输法规，以及相关的文件要求；

g）疫病的一般预防程序，包括清洁和消毒；

h）运输过程中适用的动物操作方法和相关活动，如集中、装载和卸载；

i）检查动物的方法、管理运输过程中经常遇到的情况（如恶劣天气），以及处理紧急情况（包括人道扑杀）的方法；

j）特种动物和特定年龄动物的操作和照料，包括饲喂、饮水和检查；

k）做好行程日志和其他记录。

第 7.3.5 条 制订行程计划

1 一般原则

1）制订完善的行程计划是影响动物在行程中福利的关键因素。

2）在行程开始前，应就以下内容制订计划：

a）运输动物的准备；

b）公路、铁路、滚装船或运输容器的选择；

c）行程的性质和持续时间；

d）车辆设计和维护，包括滚装船；

e）所需文件；

f）动物所需空间；

g）行程中所需休息、饮水和饲料；

h）途中对动物的观察；

i）疫病控制；

j）应急响应程序；

k）天气预报（例如，由于天气太热或太冷，导致某些时段无法出行）；

l）改变运输方式所需的时间；

m）在边境和检查点的等待时间。

3）有关驾驶员的法规（如最长驾驶时间）应尽可能考虑动物福利。

2 动物的行程准备

1）给动物提供新的饲料或饲喂、饮水方式与以往不同时，应给动物留出充足的适应时间。对于所有动物来说，在长途行程中休息的时间必须足够长，以满足每只动物采食和饮水。对特定动物种类，装载前允许进行短期禁食。

2）习惯接触人和被操作的动物在装载和运输时可能不容易产生恐惧。动物的操作和装载方式应能减少它们的恐惧感，提高它们的亲和力。

3）在运输途中，不应经常使用改变动物行为的药物（如镇静剂）或其他药物。此类药物应仅在个别动物出现问题时使用，并应由兽医或其他接受过兽医指导的人员实施。

3 行程的性质和持续时间

确定行程的最长时间时，应考虑以下因素：

1）动物应对运输应激的能力（如幼年、老年、哺乳期或怀孕动物）；

2）动物之前的运输经历；

3）出现疲劳的可能性；

4）需要的特别关注；

5）饲料和饮水需要；

6）伤害和疫病易感性增加；

7）空间、车辆设计、路况和驾驶质量；

8）天气状况；

9）使用的车辆类型、途经地区的地形、路面状况以及驾驶员的驾驶能力、技能和经验。

4 车辆和运输容器的设计和维护

1）应根据所运动物的种类、大小和重量来设计、建造和安装运输车辆和运输容器。应特别注意通过使用没有尖锐突起的安全光滑的配件来避免对动物的伤害。驾驶员和动物操作员工作时应避免对动物造成伤害。

2）车辆和运输容器的设计应具有保护动物的结构，使动物免受不利天气条件的影响，并尽量减少动物逃跑的机会。

3）车辆和容器的设计应能够彻底清洁和消毒，并在行程中控制粪尿的聚积，从而将运输过程中传染病传播的可能性降至最低。

4）车辆和运输容器应保持良好的机械和结构。

5）车辆和运输容器应具备通风设施，以满足气候变化和运输动物的温度调节需要；且当车辆停止时，通风系统（自然或机械）仍能有效运行，并且可以调节气流。

6）车辆的设计应确保上层动物的粪尿不会污染下层动物、饲料或饮水。但此条件不适用于用塑料板条箱运输的家禽，因为其设计目的是让空气向各个方向流动，以获得更好的通风。

7）当车辆需要摆渡时，应提供充足的安全设施。

8）车辆上应配备能够在途中给动物喂料和喂水的设施。

9）必要时，应在车辆地板上添加合适的垫料，以帮助吸收粪尿，最大限度地减少动物滑倒，并保护动物（尤其是幼小动物）免受硬地板和恶劣天气条件的影响。

5 在滚装船上的车辆（汽车或火车）和运输容器的具体规定

1）车辆和运输容器应配备数量足够的以及设计、定位和维护适当的系挂点，使其能够安全地固定在船舶上。

2）在海上行程开始前，应将车辆和运输容器固定在船舶上，以防止其因船舶颠簸而移位。

3）滚装船应具有足够的通风，以满足天气变化时运输动物温度调节需要，尤其是在封闭甲板上用辅助车辆或运输容器运输动物的情况。

6 空间

1）在装载前应确定运输动物的数量及其在车厢内的空间分配。

2）动物所需的空间取决于是否需要躺下（如牛、羊、猪、骆驼和家禽）或站立（如马）。在装车时或车辆在行驶过程中横向运动过大或突然刹车时，躺下的动物可能会站立。

3）确保动物能够以正确的姿势躺下，没有不必要的挤压，从而能够保持正常的体温。

4）确保动物能够以正确的姿势站立，以适应天气和保持平衡。

5）不同动物所需头部空间不同，应确保每只动物有足够的头部空间，能够以自然的姿势站立，并获得流通的空气，但这些条件暂不适用于除雏禽外的家禽。然而，在热带和亚热带（研究中），因有足够的头部空间，家禽会因头部温度下降而从中受益。

6）应参考国内外相关文件计算每只动物所需空间。车辆上围栏的数量和大小应尽可能不同，以运输不同的动物，同时避免群体规模过大。

7）其他可能影响所需空间的因素包括：

  a）车辆或运输容器的设计；

  b）行程距离；

  c）在车辆上是否需要提供饲料和饮水；

  d）道路质量；

  e）预期的天气状况；

  f）动物的种类和性别。

7 休息、饮水和饲料

1）应根据动物的种类、年龄和状况，以及行程的时间、气候条件等，提供适当的饮水和饲料。

2）应在行程中以适当的间隔安排动物在休息点休息。应根据运输方式、被运输动物的年龄和种类以及气候条件决定进入休息站的频率以及是否需要卸载动物。休息点应有饲料和饮水供应。

8 能够在行程中观察动物

1）应合理安置动物，使动物操作员或其他负责人能够在行程中定期、清晰地观察每只动物，以确保它们的安全和良好福利。运输家禽时，应随时观察板条箱内的情况。

2）当用板条箱或多层车辆运输时，可能不便观察动物，导致无法及时发现严重伤害或疫病，例如，如果层高太低，则无法对动物进行充分检查。在这些情况下，应尽可能缩短行程时间，最长时间限度应根据动物种类出现问题的时间和运输条件而变化。

9 疫病控制

动物运输是传染病传播的一个重要因素，行程规划应考虑以下几点：

1）避免将不同来源的动物混群；

2）避免不同来源的动物在休息点接触；

3）应为动物接种疫苗，预防在目的地可能接触到的疫病；

4）用于预防或治疗疫病的药物应获得出口国／地区和进口国／地区兽医主管部门的批准，且只能由兽医或其他经兽医指导的人员使用。

10 应急响应程序

应制订应急管理计划，以确定行程中可能遇到的重要不良事件、管理每个事件的程序以及在紧急情况下要采取的行动。对于每个重要事件，该计划应记录拟采取的行动和所有相关方的责任，包括沟通和记录。

11 其他考虑因素

1）车辆的设计应能将极端天气的影响降至最低。对于尚未适应或不适合高温或低温天气的动物，应采取特殊预防措施。不应在极端的高温或低温天气下运输动物。

2）在某些情况下，夜间运输可能会减少热应激或其他外部刺激的不利影响。

第7.3.6条 文件

1）全部所需文件备齐后，才可装载动物。

2）动物运输随附的文件应包括：

a）行程计划和应急管理计划；

b）装卸时间、日期和地点；

c）兽医证明（如需要）；

d）驾驶员的动物福利知识（研究中）；

e）能够追溯动物到起运场所（必要时，应注明原产地）的动物标识；

f）运输途中由于福利不良使动物处于特定风险的详细说明（第7.3.7条第3款适运性的5）；

g）行程前的休息时间、采食和饮水的记录；

h）动物装载密度估算；

　　　　i）行程日记，每天检查动物和重要事件的记录，包括患病率和死亡率、采取的措施、气候条件、饲料和饮水的消耗、药物供给、机械故障的记录。

　　3）起运动物需要随附兽医证明时，应涉及：

　　　　a）动物的适运性；

　　　　b）动物标识（描述、编号等）；

　　　　c）健康状况，包括进行的检测、治疗和疫苗接种情况；

　　　　d）需要时，提供详细的消毒信息。

　　出具证明时，兽医应将影响动物特定行程适运性的所有因素通知动物操作员或司机。

第 7.3.7 条 运输前

1 一般原则

　　1）在动物集中期间，由于外在环境或动物社会行为造成动物福利状况变差，需在运输前让动物得到休息。是否需要休息应由兽医或其他主管人员判断。

　　2）运输前集中/待运区的设计应：

　　　　a）安全地容纳动物；

　　　　b）维持环境安全，避免动物遭受天敌和疫病等的侵害；

　　　　c）保护动物免受恶劣天气条件的影响；

　　　　d）提供动物群养条件；

　　　　e）提供动物休息、饮水和采食条件。

　　3）动物之前的运输经历、训练和适应状况可能会减轻动物对运输的恐惧和应激。

　　4）如果运输时间大于动物正常的采食和饮水间隔，则应在运输时提供饲料和饮水。第 7.3.12 条详细描述了针对特定动物种类的建议。

　　5）给动物提供新的饲料或饲喂、饮水方式与以往不同时，应给动物留出充足的适应时间。

6）运输前，应彻底清洁车辆和运输容器，必要时考虑到动物和公共卫生需要，应使用主管部门批准的化学制品进行处理。行程中需要清洁时，应尽量减少对动物造成的应激和风险。

7）如果动物操作员认为，待装载的动物存在重大疫病风险，或对其适运性产生重大怀疑时，应由兽医对动物进行检查。

2 选择容易相处的动物群

运输前，应选择容易相处的动物群，以避免对动物福利造成不利影响。混群时应采取以下建议。

1）一起饲养的动物应同群运输；社会关系亲近的动物，如母畜和后代，应一起运输。

2）同种动物可以混群，除非有明显的打斗倾向；应隔离攻击性强的个体（第 7.3.12 条详细描述了针对特定种类动物的建议）。对于某些动物种类，为了避免福利变差，不同群体的动物不应混群，除非它们的社会结构已确立。

3）幼龄或小体型动物应与老龄或大体型动物分开，需要哺乳的幼龄动物除外。

4）有角动物不应与无角动物混群，除非确定它们能相处融洽。

5）不同种类的动物不应混群，除非确定它们能相处融洽。

3 适运性

1）应由兽医或动物操作员检查动物，评估动物的适运性。如果对动物的适运性有疑问，兽医有责任确定动物是否适宜运输。除非送医，不适合运输的动物不应装车。

2）应由动物所有者或代理商进行人道和有效安排，处理和照料不适宜运输的动物。

3）不适宜运输的动物包括但不限于：

    a）生病、受伤、虚弱、残疾或疲劳的动物；

    b）不能独自站立或腿不能负重的动物；

    c）双目失明的动物；

d）移动会引起额外痛苦的动物；

e）肚脐未愈合的新生动物；

f）卸载时处于妊娠期最后 10% 时间的怀孕动物；

g）生产不到 48 小时且不带幼畜一起运输的母畜；

h）根据天气预报，身体状况会受到影响导致福利低下的动物。

4）选择适应运输条件和预期天气条件的动物，可以降低运输风险。

5）运输过程中，特别有可能遭受不良福利的动物，以及需要特殊条件（如设施和车辆的设计，以及行程时间）和额外关注的动物，包括：

a）体型非常大或肥胖的个体；

b）幼龄或老龄的动物；

c）易兴奋或攻击性强的动物；

d）与人类几乎没有接触的动物；

e）晕车的动物；

f）妊娠晚期或泌乳期的母畜及其后代；

g）运输前曾接触应激源或病原体的动物；

h）近期接受外科手术（如去角）、伤口未愈合的动物。

4 特定动物种类要求

需考虑动物在运输过程中的行为变化。不同动物种类或不同个体的逃离区、社会互动和其他行为都存在显著差异。适合某一动物种类的设施和操作程序对另一个动物种类可能无效或危险。

第 7.3.12 条详细描述了针对特定动物种类的建议。

第 7.3.8 条 装载

1 主管部门监督

1）应仔细制订装载计划，因为装载可能是导致运输动物福利不佳的原因。

2）装载应在主管部门监督下由动物操作员完成。动物操作员应确保动物被平静装载，没有不必要的噪声、骚扰或暴力驱赶，未经培训的助手或旁观者不得妨碍装载操作。

3）应使用符合动物福利的方式将运输容器装载到车辆上。

2 设施

1）设计和建造包括集中区、过道和装载坡道在内的装载设施，应考虑到动物的需要和能力，包括尺寸、坡度、表面、无尖锐突出物、地板等。装载坡道和其他设施应有防滑地板。

2）装载设施应有适当照明，以便动物操作员对动物进行检查，并使动物在任何时候都能自由移动。应直接在分拣围栏、过道、装载坡道的入口处上方提供统一的照明，运输车辆/运输容器内的照明应更亮，以尽量减少动物的畏缩不前。昏暗的照明可能有利于抓捕家禽和其他一些动物。有时可能需要人工照明。

3）装载和运输过程中应有通风，能够提供新鲜空气，排除过多的热量、湿度和有毒气体（如氨气和一氧化碳）。在温暖和炎热的条件下，通风应能使每只动物得到充分的对流降温。在某些情况下，可以通过增加动物的空间来实现充分的通风。

3 电刺棒和其他辅助工具

应利用不同种类动物的特定行为驱赶动物（见第 7.3.12 条）。如果有必要使用电刺棒和其他辅助工具，则应遵循以下原则。

1）对很少或没有活动空间的动物，不能用力击打或使用电刺棒和其他辅助工具强迫其移动。只有在极端情况下才使用电刺棒，通常情况下不应使用。电刺棒的使用和输出功率应限于帮助驱赶动物，且仅在动物前方有清晰的移动空间时使用。如果使用后动物没有反应或不移动，不应反复使用电刺棒和其他辅助工具。在这种情况下，应查明是否有某种物体或其他障碍阻止动物移动。

2）只能使用电池供电的电刺棒，且只能用于猪和大型反刍动物的后躯，禁止用于眼、嘴、耳、肛门生殖器区或腹部等敏感部位。此类设备不适用于任何年龄的马、绵羊和山羊、犊牛或仔猪。

3）有用且允许使用的工具包括挡板、旗子、塑料拍、鞭子（前端系有皮革或帆布小响片的手杖）、塑料袋和摇铃；使用这些工具足以鼓励和引导动物移动，不会造成过度应激。

4）驱赶动物不应使用痛苦的操作（包括鞭打、扭尾、拉牵鼻子以及压迫眼、耳或外生殖器），或不应使用导致疼痛和痛苦的电刺棒或其他辅助工具（包括大棒、尖头棒、长的金属头木棒、围栏铁丝或厚皮带）。

5）不应过度喊叫或大声喧哗（如抽鞭）来强行驱赶动物，因为这些操作会使动物烦躁不安，导致拥挤或摔倒。

6）可使用训练有素的狗来帮助装载某些种类的动物。

7）抓举动物时，应避免动物疼痛或痛苦以及身体损伤（如擦伤、骨折、脱臼）。对于四足动物，人工抓举仅限于幼龄动物或小体型动物。抓举方式应适合动物种类；不能只抓举动物的毛、羽毛、蹄、颈、耳朵、尾巴、头、角和腿，导致动物疼痛或痛苦，危及动物福利或人类安全的紧急情况除外。

8）不应抛扔、拖拽或投扔有意识的动物。

9）应制定绩效标准，使用数值计分来评估此类工具的使用效果，如使用电击工具驱赶动物的百分比以及使用后动物滑倒或摔倒的百分比。

第 7.3.9 条 运输

1 一般原则

1）临起运前，司机和动物操作员应对整批动物进行检查，确保动物已按照计划装载。应在运输初期再次检查动物，并根据情况做出适当调整。行程中应定期检查动物，特别是在停车休息、加油或吃饭时。

2）司机应平稳、谨慎驾驶，不得突然转弯或停车，尽量减少动物因车辆晃动导致突然移动。

2 保定或控制动物的方法

1）应以适合所运输动物种类、年龄及个体情况的方法保定动物。

2）第 7.3.12 条详细描述了针对特定动物种类的建议。

3 调节车辆或运输容器内的环境

1）行程中应保护动物免受热或冷的伤害。根据冷、干热和湿热等情况，使用不同的有效通风程序，维持车辆或容器内部环境，但在所有情况下都应防止有害气体积聚。

2）炎热和温暖的天气下，车辆运输产生的气流也可调节车辆或运输容器内的环境，但应尽量缩短途中停车时间；车辆应停放在阴凉处，并保持充分和适当的通风。

3）应清除地板上的粪尿，防止疫病传播，降低动物滑倒和脏污的风险，并保持健康的环境。此过程应遵守所有相关的健康和环境法规。

4 生病、受伤或死亡的动物

1）当司机或动物操作员发现生病、受伤或死亡的动物时，应按照制订的应急响应计划采取相应措施。

2）应隔离生病或受伤的动物。

3）滚装船应备有能够在行程中治疗生病或受伤动物的程序。

4）为了降低动物运输过程中增加传染病传播的风险，应尽量减少运输动物或其废弃物与其他农场动物的接触。

5）行程期间，需要处理动物尸体时，应防止疫病传播，并遵守所有相关的健康和环境法规。

6）当需要扑杀时，应尽快进行，并应在兽医或其他有能力的人的配合下完成人道扑杀。WOAH《陆生动物卫生法典》第7.6章介绍了为控制疫病宰杀特定种类动物的建议。

5 饮水和饲料要求

1）如果在行程中需要喂料、喂水，或者运载的动物种类需要在途中喂料、饮水，应为车辆所载的所有动物提供合适的饲料和饮水（适合动物种类和年龄）。应为所有动物提供足够的空间，以便能获得饲料和饮水，应考虑到可能出现的饲料竞争。

2）关于特定动物种类的建议详见第7.3.12条。

6 休息时间和条件

1）行程中，应以适当间隔安排动物休息，并在车上或必要时卸载到合适设施内，给动物提供饲料和饮水。

2）途中若需要卸载让动物休息时，应使用合适的设施。这些设施应满足特定动物种类的需要，并能使所载动物获得饲料和饮水。

7 行程中的观察

　　1）公路运输时，应在行程开始后不久，以及司机停站休息时，观察动物。在用餐休息和加油休息后，再出发前应立即观察动物。

　　2）铁路运输时，应在每个预设站点，观察动物。负责铁路运输的人员应监控所载动物列车的进程，并采取一切适当的措施尽量减少延误。

　　3）在停车休息期间，应确保动物继续得到适当的约束，并提供适当的饲料和饮水，保持动物良好的身体状况。

第 7.3.10 条 卸载和运输后管理

1 一般原则

　　1）第 7.3.8 条详述的装载所需设施和动物操作原则同样适用于卸载，但应考虑动物可能处于疲劳状态。

　　2）卸载应由具备所卸动物行为和身体特征知识和经验的动物操作员进行或在其监督下进行。抵达目的地后，应尽快将动物从运输车辆卸载到适当的设施中，但应留出足够的时间，以便安静卸载，避免产生不必要的噪声、骚扰或暴力驱赶。

　　3）应配备设施，为动物提供适当的照料、舒适且足够的空间和通风、饲料（如需要）和饮水，以及免受极端天气条件影响的庇护场所。

　　4）关于在屠宰场卸载动物的详细信息，请参见 WOAH《陆生动物卫生法典》第 7.5 章。

2 生病或受伤的动物

　　1）行程中生病、受伤或致残的动物应得到适当治疗或人道扑杀（见 WOAH《陆生动物卫生法典》第 7.6 章）。必要时，如何照料和治疗这些动物应征求兽医建议。在动物因疲劳、受伤或生病而不能走动的情况下，在运输车上治疗或人道扑杀可能对这些动物的福利最有利。实施人道扑杀，应寻求兽医或其他具备专业技能人员协助。

2）到达目的地后，动物操作员或运输司机应确保将生病、受伤或致残动物福利的责任转交给兽医或其他合适人员。

3）如果运输车上无法进行治疗或人道扑杀，应配备适当的设施和设备，对因疲劳、受伤或致疾而不能走动的动物进行人道卸载，以尽可能减少这些动物的痛苦。卸载后，应为生病或受伤的动物提供隔离圈和其他适当的设施。

4）应给所有患病或受伤的动物提供饲料（适用时）和饮水。

3 应对疫病风险

在处理因运输而带来的更大疫病风险和可能需要在目的地隔离运输的动物时，应考虑以下因素：

1）动物之间接触会增加，包括不同来源的动物和不同疫病史的动物；

2）由于应激或抗病力下降，包括免疫抑制，动物排毒量和易感性增加；

3）动物暴露于可能污染了病原体的交通工具、休息点、市场等环境中。

4 清洁和消毒

1）再次使用运输动物的运输车辆、板条箱和运输容器前，应清除粪便和垫料，并用水和去污剂冲刷干净。担心疫病传播时，需随后进行消毒；

2）粪便、垃圾、垫料和途中死亡的动物尸体的处理方式，应避免疫病传播，并遵守相关的卫生和环境法规；

3）应在卸载动物的场所，如畜禽市场、屠宰场、休息场所、火车站等，提供适当的区域清洁和消毒车辆。

第7.3.11条 在运输中遭到拒绝时应采取的措施

1）在运输中遭到拒绝时，应首先考虑动物的福利。

2）当动物被拒绝进口时，进口国/地区的主管部门应提供适当的隔离设施，以便在问题解决之前，将动物从车辆上卸下并安全暂养，避免对进口国/地区畜禽健康带来风险。在这种情况下，应优先考虑：

a）进口国/地区的主管部门应紧急提供书面的拒绝理由；

b）因动物健康原因而拒绝时，进口国/地区的主管部门应提供紧急通道，让兽医（如有可能，应是由总干事任命的世界动物卫生组织兽医）就进口国/地区的关切评估动物的健康状况，并提供必要的设施和许可，以尽快完成所需的诊断检测；

c）进口国/地区的主管部门应为继续评估动物健康和福利状况提供条件；

d）如果问题不能迅速解决，出口国/地区和进口国/地区的主管部门应请世界动物卫生组织进行调解。

3）若主管部门要求将动物留在车上时，应优先考虑：

a）允许向车辆提供必要的饲料和饮水；

b）紧急提供书面的拒绝理由；

c）紧急安排独立的兽医，评估动物的健康状况，因动物健康原因拒绝时，要提供必要的设施和许可，以尽快完成所需的诊断检测；

d）应为继续评估动物健康和其他福利状况提供条件，并采取必要措施处理出现的任何问题。

4）世界动物卫生组织应利用其非正式争端调解程序，制订双方可接受的解决方案，使动物健康和福利问题得到及时解决。

第 7.3.12 条 各种动物特有的问题

本章所指的新大陆骆驼科动物包括美洲驼、羊驼、红褐色美洲驼和骆马。骆驼科动物视力很好，能像绵羊那样攀越陡坡，但坡度要相对平缓。它们喜欢群居，容易成群装载。它们通常很温顺，但自卫时习惯吐口水。在运输途中，它们通常会伸展前腿躺卧，所以隔板下面的空隙应足够大，避免它们站起来时腿被卡住。

牛是群居动物，如果将牛与牛群分开，它们可能会变得烦躁不安。通常，牛在两岁左右就建立了社会秩序。混群时可能会发生打斗，直至重新建立社会秩序。由于牛有保持其个体空间的习惯，拥挤也会增加打斗。牛的社会行为随年龄、品种和性别而变；印度牛及其杂交牛通常比欧洲牛更易发怒。群体驱赶小公牛时，它们会嬉戏（推搡），但随着年龄的增长，会变得更具侵略性，领地意识强。成年公牛个体最小空间为 6 米^2。带有犊牛的母牛具有很强的保护意识，在母牛在场的情况下处理犊牛会有危险。遇到无出口的通道时，牛会拒绝前行。

对山羊进行处理应保持平和安静，避免它们兴奋，否则难以驱赶或引导。驱赶山羊时，应利用其群居习性。应避免使山羊出现惊吓、受伤或激动的行为。山羊欺凌弱小的现象尤为严重，表明需要个体空间。把陌生的山羊饲养在一起，可能会因身体的顶撞或地位低下的山羊无法获得饲料和饮水而导致死亡。

本章所指的马科动物包括驴、骡和驴骡。马科动物视力好、视野开阔。它们可能体验过或好或坏的装载经历。训练良好的马容易装载，但有些马的装载非常困难，尤其是从未体验过装载或经历过较差运输条件的马科动物。在这种情况下，可由 2 名经验丰富的动物操作员联手或使用一条长绳带拖拉马的臀部来装载它们，还可以考虑蒙住它们的眼睛。装载坡道坡度应尽可能小。马在爬坡时，台阶通常不会出现问题，但下坡时马往往会跳跃，所以台阶应尽可能低。马以单独运输为佳，但如果它们相处融洽，也可群体运输。群体运输时，应去掉马掌。如果马匹因拴系而无法低头或抬头，则容易患呼吸道疾病。

猪的视力很差，在不熟悉的环境中可能会不情愿地移动。装载区光线充足对猪有利。猪爬坡困难，因此坡道应尽可能平缓，并提供安全的立足点。高度很高时，理想情况下，应使用液压升降机。猪爬台阶也很困难。根据经验，台阶高度不应超过猪的前膝关节。相互不熟悉的猪混群可能会导致严重的打斗。猪对热应激非常敏感。猪在运输过程中很容易出现晕车现象，在装车前禁食饲料可能对防止晕车有好处。

绵羊是群居动物，视力很好，行为相对隐蔽、不张扬，而且有成群结队的倾向，尤其是当它们情绪激动时。驱赶绵羊应平和安静，并利用它们相互跟随的习性。绵羊与羊群分开时，它们会变得焦躁不安，并试图重新回到群体中。应避免使绵羊出现惊吓、受伤或激动的行为。它们能够攀爬陡峭的斜坡。

6.2 WOAH《陆生动物卫生法典》——屠宰动物福利

6.2 由笔者根据 WOAH《陆生动物卫生法典》第 7 部分《动物福利》（第 31 版，2023）的英文原版翻译而成。

第 7.5 章 屠宰动物福利

第 7.5.1 条 一般原则

1 目的

本章提出的建议旨在确保屠宰前和屠宰过程中食用动物的福利，直到它们死亡。

这些建议适用于在屠宰场屠宰的以下畜禽：牛、水牛、野牛、绵羊、山羊、骆驼、鹿、马、猪、走禽、兔和家禽。应对无论饲养在何处的其他动物以及在屠宰场外被屠宰的所有动物进行管理，以确保运输、待宰、保定和屠宰不对它们造成过度应激；本章建议所依据的原则也适用于这些动物。

2 人员

从事动物卸载、驱赶、待宰、照料、保定、致晕、屠宰和放血的人员对动物福利起着重要作用。因此，应配备足够数量的人员，他们应耐心、体贴、称职，熟悉本章建议，并进行本土化应用。

专业技能可通过正式培训/实践经验获得。这种专业技能应通过主管部门或主管部门认可的独立机构颁发的有效证书来证明。

屠宰场管理层和兽医服务机构应确保屠宰场的工作人员具备相应资质，并根据动物福利原则执行工作任务。

3 动物行为

动物操作员应具有操作和驱赶农场动物的经验和专业技能，并了解动物的行为特点以及工作所需的基本原则。

因种类、性别、性格和年龄以及饲养和操作方式不同，动物个体或动物群体的行为会有所不同。尽管如此，畜禽通常会表现出以下行为特点，应在操作和驱赶动物时加以考虑。

大多数家畜成群饲养，本能地跟随领头动物。

屠宰场不应将可能造成伤害的动物混在一起。

在设计设施时，应考虑动物具有控制其个体空间的需要。

如果人接近畜禽越过一定距离，它们就会试图逃跑，这个临界距离被定义为逃离区。逃离区大小因动物种类和同种动物个体而异，且取决于之前与人接触的经历。与人密切接触的动物（如驯养动物）逃离区较小，而散养或放养的动物逃离区可能从1米到数米不等。动物操作员应避免突然进入动物逃离区，否则会使动物恐慌，从而导致动物攻击或试图逃跑。

动物操作员应使用动物肩部的平衡点驱赶动物，在平衡点的后方向前驱赶动物，在平衡点的前方向后驱赶动物。

畜禽视野开阔，但双目的前方视野有限，深度感较差。这意味着它们可以探测到侧面和后方的物体和移动，但只能判断正前方的距离。

虽然大多数畜禽的嗅觉高度敏感，但它们对屠宰场的气味会有不同反应。在管理动物时，应考虑引起恐惧或其他负面反应的气味。

与人类相比，畜禽的听力频率范围更广，且对高频声音更敏感。它们往往会被持续的高频噪声和突然的噪声惊吓而造成恐慌。操作动物时，应考虑动物对此类噪声的敏感性。

4 干扰及其消除

设计新设施或改造现有设施，应尽量减少因干扰导致接近的动物停下来、后退或折返的可能性。以下是常见的干扰及消除干扰的方法：

1）闪亮的金属或潮湿的地面出现反射光线——移开灯或改变照明；

2）斜坡、过道、致晕箱或传送带保定器的入口昏暗——采用间接照明，不直接照射到走近的动物眼睛，也不要形成明暗反差大的区域；

3）人或设备在动物眼前移动——在斜坡和通道上安装实体挡板，或安装防护罩；

4）过道尽头——设计成弯曲通道或虚拟通道，尽可能加以避免；

5）斜坡或围栏上有悬挂的链条或其他松散物体——移除这些物品；

6）传送带保定器入口处的地面不平或突然下陷——避免地面表面不平或在保定器下方安装实体假地板，给动物提供一种地面坚固平坦、可连续行走的假象；

7）气动设备发出气动"嘶嘶"声——安装消声器，或使用液压设备，或使用柔性软管向外部环境排放高压气体；

8）金属物体的叮当声和撞击声——在闸门和其他设备上安装橡胶挡块，以减少金属与金属的接触；

9）气流从风扇或气帘吹向动物面部——改变设备的方向，或重新放置设备。

第 7.5.2 条 驱赶和操作动物

1 一般原则

每家屠宰场都应有一份专门的动物福利计划，目的是所有阶段的操作都应确保动物福利良好，直到动物被宰杀。计划应包括操作动物每个步骤的标准操作程序，以确保根据相关指标正确实施动物福利。它还应包括在特定风险情况下的具体纠正措施，如断电或其他可能对动物福利产生负面影响的情况。

动物运输至屠宰场的方式应尽量减少对动物健康和福利的不利影响，运输应符合世界动物卫生组织关于动物运输的建议（WOAH《陆生动物卫生法典》第 7.2 章和第 7.3 章）。

以下原则应适用于卸载动物、驱赶动物进出待宰圈以及驱赶动物至屠宰点：

1）动物抵达屠宰场后，应评估其状况，以确定是否存在任何动物福利和健康问题。

2）应按照世界动物卫生组织的建议，人道、毫不拖延地立即宰杀受伤或生病的动物。

3）为了尽可能减少跌倒或滑倒造成的伤害，不得以高于动物正常行走的速度驱赶。应制定绩效标准，对动物滑倒或跌倒的发生率进行数字评分，以评估是否应改进驱赶动物的措施/设施。在设计和建造合理的设施中，如果配备称职的动物操作员，应可以做到99%的动物不会跌倒。

4）不得强迫待宰动物踩踏在其他动物身上。

5）驱赶动物不应造成动物伤害、痛苦或受伤。任何情况下，动物操作员都不应使用暴力驱赶动物，例如挤压或折断动物的尾巴、抓它们的眼睛或拉它们的耳朵。动物操作员绝不能对动物施以伤害性物体或刺激性物质，尤其对眼睛、嘴巴、耳朵、肛门生殖器区域或腹部等敏感区域。禁止抛掷或投扔动物，或禁止用尾巴、头、角、耳朵、腿、绒毛、毛发或羽毛等身体部位来抬起或拖动动物。允许用手举起小动物。

6）当使用电刺棒和其他辅助工具时，应遵循以下原则。

a）对很少或没有活动空间的动物，不应用力击打或使用电刺棒和其他辅助工具强迫其移动。只有在极端情况下才使用电刺棒，通常情况下不应使用。电刺棒的使用和输出功率应限于帮助驱赶动物，且仅在动物前方有清晰的移动空间时使用。如果使用后动物没有反应或不移动，则不应反复使用电刺棒和其他辅助工具。在这种情况下，应查明是否有某种物体或其他障碍阻止动物移动。

b）只能使用电池供电的电刺棒，且仅限用于猪和大型反刍动物的后躯，禁止用于眼、嘴、耳、肛门生殖器区或腹部等敏感部位。此类设备不适用于任何年龄的马、绵羊和山羊、犊牛或仔猪。

c）有用且允许使用的工具包括挡板、旗子、塑料拍、鞭子（前端系有皮革或帆布小响片的手杖）、塑料袋和摇铃；使用这些工具足以鼓励和引导动物移动，不会造成过度应激。

d）驱赶动物不应使用痛苦的操作（包括鞭打、踢打、扭尾、牵拉鼻子以及压迫眼、耳或外生殖器），或不应使用导致疼痛和痛苦的电刺棒或其他辅助工具（包括大棒、尖头棒、长的金属头木棒、围栏铁丝或厚皮带）。

e）不应过度喊叫或大声喧哗（如抽鞭）来强行驱赶动物，因为这些操作会使动物烦躁不安，导致拥挤或摔倒。

　　　　f）抓举动物时，应避免动物疼痛或痛苦以及身体损伤（如擦伤、骨折、脱臼）。对于四足动物，人工抓举仅限于幼龄动物或小体型动物。抓举方式应适合动物种类；不能只抓举动物的毛、羽毛、蹄、颈、耳朵、尾巴、头、角和腿，导致动物疼痛或痛苦，危及动物福利或人类安全的紧急情况除外。

　　　　g）不应抛扔、拖拽或投扔有意识的动物。

　　7）应制定绩效标准，以评估此类工具的使用情况。数字计分可用于衡量使用电刺棒驱赶动物的百分比，以及在屠宰场某一点滑倒或跌倒的动物百分比。任何损害动物福利的风险，例如地面打滑，应立即调查、纠正缺陷，以消除问题。除了基于资源的指标，还应使用基于结果的指标（如瘀伤、损伤、行为和死亡）来监测动物的福利水平。

2 对家禽的具体规定

　　用运输箱装运家禽的密度应视气候条件而定，并注意运输箱内的温度应与运输的动物种类相适宜。

　　在装载和卸载过程中尤其需要小心，避免运输箱卡住家禽身体某部位，导致意识清醒的家禽脱臼或骨折。这种伤害会对动物福利、胴体和肉质产生不利影响。

　　倾倒活禽的模块化系统不利于保持良好的动物福利。在使用这些系统时，应配备可使家禽滑出的机械装置，而不应将家禽从1米多的高处抛下或倾倒在其他家禽身上。

　　如果运输系统设计、建造或维护不当，家禽可能会被困住，或者它们的翅膀或爪可能会被卡在运输系统的装置、网或孔中。在这种情况下，卸载家禽的操作员应确保轻轻取出被困的家禽。

　　应小心摆放模块化系统的屉箱和板条箱，以避免对家禽造成伤害。

　　应给家禽提供足够的空间，让每只家禽都能同时躺卧，而不至于相互挤压在一起。

　　应在上挂钩加工前，人道扑杀骨折或关节脱臼的家禽。

应记录到达加工厂时骨折或关节脱臼的家禽数量，以便核验。家禽翅膀折断或错位百分比不应超过 2%，目标是低于 1%（研究中）。

3 有关利用运输箱运输动物的规定

1）应小心搬运运输动物的运输箱，不得投掷、抛扔或推翻。机械装卸时应尽可能保持水平，堆放方式应确保通风。任何情况下，应按照特定标记的指示，垂直移动和存放运输箱。

2）应特别小心卸载用软底或底部有孔的运输箱运送的动物，以避免受伤。条件允许时，应逐个卸下动物。

3）应尽快屠宰用运输箱运输的动物；如果哺乳动物和走禽到达屠宰场后不能立即屠宰，则应通过适当的设施随时提供饮水。运送待宰家禽的时间应安排得当，使其在屠宰场的缺水时间不超过 12 小时。抵达后 12 小时内未被宰杀的动物，应予以饲喂，随后应以适当间隔提供适量饲料。

4 有关保定和控制动物的规定

1）为维持动物福利，致晕或不致晕屠宰动物的相关保定规定包括：

　　a）提供防滑地面；

　　b）避免保定设备压力过大，导致动物挣扎或发声；

　　c）设计使用降低气动嘶嘶声和金属撞击声的设备；

　　d）避免保定设备上有伤害动物的尖锐边缘或突起；

　　e）避免保定装置抖动或突然移动。

2）不应对有意识的动物使用以下引起可避免痛苦的保定方法，因为它们会造成严重的痛苦和应激：

　　a）通过蹄或腿悬吊或吊起动物（家禽除外）；

　　b）滥用和不适当地使用致晕设备；

　　c）机械夹紧动物的腿/蹄（家禽和鸵鸟使用的镣铐除外），作为唯一的保定方法；

　　d）为了固定动物，折断其腿、切断其腿部肌腱或弄瞎其眼睛；

　　e）切断脊髓，例如用短尖刀或匕首固定动物，或使用电流固定动物，但适当的致晕除外。

第 7.5.3 条 待宰圈设计和建造

1 一般原则

待宰圈的设计和建造应能容纳适当数量的动物，符合屠宰场的产能，而不损害动物福利。

为尽可能顺利有效地操作，不给动物造成伤害或过度应激，待宰圈的设计和建造应利用动物的行为特点，不过度侵入动物的逃离区，使动物朝要求的方向自由移动。

以下建议可能有助于实现这一目标。

2 待宰圈设计

1）待宰圈的设计应保证动物从卸载到屠宰点单向移动，且经过的急转弯应尽可能少。

2）在家畜屠宰场，围栏、通道和过道的布置应允许随时对动物进行检查，并允许适当时将生病或受伤的动物移走，为此应提供适当的隔离圈。

3）每头动物都应有站立和躺卧的空间，当被围在围栏中时应能转身，除非出于安全原因对动物进行合理限制（如脾气暴躁的公牛）。暴躁的动物应在抵达屠宰场后尽快屠宰，以避免出现福利问题。待宰圈应为拟接收的动物提供足够的容纳空间。应随时为动物提供饮水，饮水方式应适合动物种类。水槽的设计和安装应尽可能减少粪便污染的风险，避免给动物带来擦伤和伤害的风险，并且不应妨碍动物的移动。

4）围栏设计应使尽可能多的动物靠墙站立或躺卧。当提供料槽时，料槽数量和采食空间应足够，以便所有动物都有足够的机会采食。料槽不应妨碍动物的移动。

5）使用拴绳、系带或个体限位栏时，应确保其设计不会对动物造成伤害或痛苦，并使动物能够站立、躺卧，获得可能需要提供的任何饲料或饮水。

6）通道和过道应呈直线形或平缓弯曲，并适应动物种类。通道和过道应有实体侧板，但使用双过道时，共用的隔板应允许相邻的动物看到对方。猪和绵羊的通道应足够宽，使两头或更多头动物并排行走尽可能长的距离。在通道变窄处，应采取措施防止动物过度拥挤。

7）动物操作员应站在过道和通道拐弯处内侧，利用动物绕过入侵者的天性。如果使用单向门，其设计应避免碰伤动物。过道地面应平坦，一旦有坡度，其结构应允许动物能自由通过而不受伤害。

8）在产能大的屠宰场，待宰圈和通往致晕点或屠宰点的过道之间，应有一个地面平坦、侧面实体的等待栏，确保动物能不间断地到达致晕点或屠宰点，避免动物操作员试图从待宰圈紧急驱赶动物。等待栏最好呈圆形，总之其设计应确保动物不会被困住或踩踏。

9）如果车辆地面和卸载区域之间存在高度差或间隙，则应使用坡道或升降机卸载动物。卸载坡道的设计和建造应能水平或以可达到的最小坡度卸载动物。应提供侧面保护设施，防止动物逃逸或坠落。坡道应排水良好，有可调节的安全立足点，以便动物轻松移动，而不造成痛苦或伤害。

3 待宰圈的建造

1）应使用坚固和防腐蚀的材料，如经过防腐处理的混凝土和金属，建造和维护待宰圈，保护动物免受恶劣气候的影响。待宰圈表面应易于清洁，没有可能伤害动物的尖锐边缘或突起。

2）地面应排水良好，防滑，不应对动物的蹄/脚造成伤害。必要时，地面应隔热或提供适当的垫料。排水地漏应安装在围栏和通道两侧，而不应在动物通道上。应避免地面、墙或门色彩、图案或质地的不连贯或变化，导致动物停止不动。

3）待宰圈应配备足够的照明，但应注意避免刺眼的光线和阴影，惊吓动物或影响动物移动。可利用动物倾向于从较暗区域移动到光亮区域的特点，提供相应调节的照明。

4）待宰圈应通风良好，确保废气（如氨气）不会聚集，并尽量减少气流直接吹到动物身上。通风系统应适应气候条件和待宰圈预期容纳的动物数量。

5）应保护动物免受过大或潜在噪声的干扰，例如避免使用有噪声的液压或气动设备，使用适当衬垫减少金属设备噪声，或尽量减少此类噪声向动物待宰和屠宰区域传播。

6）当待宰动物被置于没有自然庇护所或阴凉处的舍外时，应保护它们免受恶劣天气的影响。

第 7.5.4 条 待宰圈动物的照料

待宰圈动物应按照以下建议进行照料：

1）尽可能将已合群的动物放在一起，每头动物应有足够的空间站立、躺卧和转身。应分开相互打斗的动物。

2）使用拴绳、系带或个体限位栏时，应使动物能够站立和躺卧，而不会造成动物受伤或痛苦。

3）使用垫料时，应保持垫料清洁，尽量降低对动物健康和安全的风险。垫料应充足，以防动物被粪便污染。

4）应确保动物在待宰圈的安全，防止它们逃逸以及遭受天敌侵害。

5）动物到达后，应随时提供充足的饮水，除非它们被立即屠宰。

6）待宰时间应尽量缩短，且不应超过 12 小时。如果超过该时长没有屠宰，则应在动物抵达时以及以适合该种类动物的间隔提供合适的饲料。没断奶的动物应尽快屠宰。

7）为了防止热应激，应对受高温影响的动物，尤其是猪和家禽，使用喷淋、通风或其他合适方式降温。然而，决定喷淋时，应考虑喷水可能会降低动物（尤其是家禽）的体温调节能力。也应考虑极低温度或温度骤变对动物构成的风险。

8）待宰圈应照明良好，使动物能够看得清楚，不眩晕。夜间灯光应调暗，但应足以查看到所有动物。柔和的灯光，例如蓝光，有助于使待宰的家禽平静下来。

9）应至少每天早晚由兽医，或者在兽医的负责下，由具有专业技能的其他人员，如动物操作员，检查待宰圈动物的健康状态。应隔开生病、虚弱、受伤或有明显痛苦迹象的动物，并立即征求兽医的治疗意见，如有必要，应立即将动物人道扑杀。

10）应尽快屠宰哺乳动物。哺乳动物乳房明显胀痛时应予以挤奶，以减少乳房不适。

11）应尽快屠宰运输途中或待宰时分娩的动物，或提供适当的哺乳条件，确保母畜和仔畜的福利。在正常情况下，不应运输预计在运输途中分娩的动物。

12）有角或獠牙的动物如果具有攻击性，伤害其他动物，应单独隔离。

13）应避免待宰的家禽受到不利天气条件的影响，并提供充足的通风。

14）对运输容器中的家禽，应在抵达时进行检查。堆放运输容器时，应留出足够的空间，以便检查和空气流通。

15）在某些条件下，为避免温度和湿度升高，可能采用强制通风或其他降温系统。应以适当的时间间隔监测温度和湿度。

关于特定种类动物的建议，详见第 7.5.5 条至第 7.5.9 条。

第 7.5.5 条 屠宰妊娠动物时对胎儿的管理

在正常情况下，不应运输和屠宰处于妊娠期最后 10% 时间的怀孕动物。如果发生此类情况，动物操作员应确保单独操作妊娠动物，并实施下述特定程序。在任何情况下，屠宰过程中都应保障母畜和胎儿的福利。

切开母体颈部或胸部后 5 分钟内，不得从子宫取出胎儿，以确保胎儿失去意识。在此阶段，胎儿会有心跳和胎动，但只有暴露在外的胎儿有呼吸后，才涉及动物福利问题。

如果从子宫中取出成熟的活胎，应防止其肺部吸入空气开始呼吸（例如夹住气管）。

屠宰妊娠动物后，如果不收集子宫、胎盘或胎儿组织（包括胎儿血液），则胎儿应留在未打开的子宫内，直到死亡。如果需要收集子宫、胎盘或胎儿组织，在可行的情况下，切割母畜颈部或胸部后 15~20 分钟，才可从子宫中取出胎儿。

如果怀疑胎儿有意识，应使用适当的捕获栓枪或钝器击打胎儿头部致晕宰杀。

上述建议不适用于胎儿救助。在正常的商业屠宰中，不应试图救助在打开母体内脏后被发现的活胎，因为这可能导致新生动物出现严重的福利并发症，其中包括在救助完成前因缺氧而导致的大脑功能受损、因胎儿不成熟而导致的呼吸和体产热受损以及因缺乏初乳而导致的感染发病率增加。

第 7.5.6 条

操作和保定方法及相关的动物福利问题的总结分析（表 7-1）。

表 7-1 操作和保定方法及相关的动物福利问题

动物状态		具体程序	具体目的	动物福利问题/影响	动物福利关键要求	适用动物
没有保定	群体动物	群装运输容器	气体致晕	具体程序仅适用于气体致晕	具有专业技能的待宰圈动物操作员；设施；待宰圈暂养密度	猪、家禽
		动物养殖现场	枪击	没有瞄准，枪击部位不当，无法实现一枪击毙	具有专业技能的操作人员	鹿
		群体致晕栏	仅头部电致晕；捕获栓枪致晕	动物不受控制的移动妨碍使用手动电致晕和机械致晕方法	具有专业技能的待宰圈和致晕点动物操作员	猪、绵羊、山羊、牦牛
	个体动物	致晕栏/箱	电致晕；机械致晕	动物装载；致晕方法的准确性、打滑的地面和动物的摔倒	具有专业技能的动物操作员	牛、水牛、绵羊、山羊、马、猪、鹿、骆驼、走禽
保定方法	头部保定，直立	笼头/头圈/缰绳	捕获栓枪致晕；枪击	适用于经过笼头拴系训练的动物；未经训练的动物会应激	具有专业技能的动物操作员	牛、水牛、马、骆驼
	头部保定，直立	颈枷	捕获栓枪致晕；仅头部电致晕；枪击；不致晕屠宰	装载、抓住颈部产生的应激；长时间保定、角造成的应激；不适合的高速流水线，动物因地面湿滑、压力过大而争斗和摔倒	设备；具有专业技能的动物操作员，及时击晕或屠宰	牛

（续表）

动物状态	具体程序	具体目的	动物福利问题/影响	动物福利关键要求	适用动物
保定方法					
腿部保定	单腿弯曲捆绑（其余3条腿站立）	捕获栓枪致晕；枪击	不能有效控制动物运动，错误射击	具有专业技能的动物操作员	种猪（公猪和母猪）
直立保定	喙固定	捕获栓枪致晕；仅头部电致晕	抓捕应激	具有专业技能的动物操作员充足	鸵鸟
直立保定	头部保定在电致晕箱内	仅头部电致晕	捕获和定位产生的应激	具有专业技能的动物操作员	鸵鸟
人工保持身体直立	人工保定	捕获栓枪致晕；仅头部电致晕；不致晕屠宰	抓捕和保定引起的应激；致晕/屠宰的准确性	具有专业技能的动物操作员	绵羊、山羊、犊牛、走禽、小骆驼、家禽
机械保持身体直立	机械夹紧/挤压/"V"形保定器（静态）	捕获栓枪致晕；电致晕；不致晕屠宰	动物装载和超载；过度压力	设备的正确设计和操作	牛、水牛、绵羊、山羊、鹿、猪、鸵鸟
人工或机械侧面保定	保定器/支架/挤压	不致晕屠宰	保定应激	具有专业技能的动物操作人员	绵羊、山羊、犊牛、骆驼、牛
机械直立保定	机械跨坐（静态）	不致晕屠宰；电致晕；捕获栓枪致晕	动物装载和超载	具有专业技能的动物操作人员	牛、绵羊、山羊、猪
人工或机械直立保定	翅膀固定	电致晕	致晕前施加过大的压力	具有专业技能的动物操作人员	鸵鸟
保定/传送方法	机械直立	"V"形保定器	电致晕；捕获栓枪致晕；不致晕屠宰	动物装载和超载；保定器和动物之间尺寸不匹配，压力过大	设备的正确设计和操作	牛、犊牛、绵羊、山羊、猪

（续表）

动物状态		具体程序	具体目的	动物福利问题/影响	动物福利关键要求	适用动物
保定/传送方法	机械直立	机械跨带式保定器（移动式）	电致晕；捕获栓枪致晕；不致晕屠宰	动物装载和超载；保定器和动物之间尺寸不匹配	具有专业技能的动物操作员，合理的保定器设计和布局	牛、犊牛、绵羊、山羊、猪
		平床/板；从运输箱倾入传送带上	电致晕前将家禽倒挂；气体致晕	倾倒模块系统造成的应激和伤害，倾翻有意识的家禽的高度，骨折和脱臼	设备适当的设计和操作	家禽
	悬挂/倒挂	家禽倒挂	电致晕；不致晕屠宰	倒置应激；腿骨受压引起的疼痛	具有专业技能的动物操作员；设备的正确设计和操作	家禽
		锥形装置	仅头部电致晕；捕获栓枪致晕；不致晕屠宰	倒挂应激	具有专业技能的动物操作员；设备的正确设计和操作	家禽
	直立保定	机械夹腿	仅头部电致晕	鸵鸟抵抗保定应激	具有专业技能的动物操作员；设备正确的设计和操作	鸵鸟
倒挂保定方法	旋转箱	固定侧面（如Weinberg围栏）	不致晕屠宰	倒挂应激；抵抗保定应激，长时间保定，吸入血液和摄入食物；保定时间尽可能短	设备的正确设计和操作	牛
		弹性侧面	不致晕屠宰	倒挂应激，抵抗保定应激，长时间保定；比固定侧面的旋转箱更好；保定时间尽可能短	设备的正确设计和操作	牛

（续表）

动物状态		具体程序	具体目的	动物福利问题/影响	动物福利关键要求	适用动物
身体保定方法	抛投/拴住	人工	机械致晕；不致晕屠宰	抵抗保定应激；动物性情；瘀伤；保定时间尽可能短	具有专业技能的动物操作员	绵羊、山羊、犊牛、小骆驼、猪
		绳索缚住	机械致晕；不致晕屠宰	抵抗保定应激；长时间保定，动物性情；瘀伤；保定时间尽可能短	具有专业技能的动物操作员	牛、骆驼
腿部保定方法		绑住3条或4条腿	机械致晕；不致晕屠宰	抵抗保定应激；长时间保定，动物性情；瘀伤；保定时间尽可能短	具有专业技能的动物操作员	绵羊、山羊、小骆驼、猪

第7.5.7条 致晕方法

1 一般原则

操作人员专业技能、致晕方法的适当性和有效性以及设备的维护是屠宰场管理层的责任，并应由主管部门定期检查。

进行致晕的人员应经过适当的培训且能胜任，并确保：

1）动物适当保定；

2）尽快致晕被保定的动物；

3）根据制造商的建议，尤其要根据动物的种类和大小，正确维护和操作致晕设备；

4）正确使用设备；

5）尽快给致晕的动物放血（屠宰）；

6）当屠宰可能延迟时，不应致晕动物；

7）如果主要致晕方法失败，可以立即使用备用致晕设备。为家禽提供人工检查区和简单的干预措施，如捕获栓枪或颈椎脱位，将有助于防止潜在的福利问题。

此外，操作人员应能识别动物是否正确致晕，并采取适当措施。

2. 机械致晕

通常使用机械装置对准动物头部前方，并垂直于骨表面。有关各种机械致晕方法的更详细说明，请参见 WOAH《陆生动物卫生法典》第 7.6 章以及第 7.6.6 条、第 7.6.7 条和第 7.6.8 条。

使用机械装置正确致晕的迹象如下：

1）动物立即倒下，不挣扎站起来；

2）射击后，动物的身体和肌肉立即变得强直（僵硬）；

3）正常有节奏的呼吸停止；

4）眼睑张开，眼球直视前方，不旋转。

由枪弹、压缩空气或弹簧驱动的捕获栓枪可用于家禽。家禽最佳致晕位置位于额头，与其表面成直角。按照制造商的说明发射捕获栓枪，应立即导致动物头骨和大脑的破坏而死亡。

3 电致晕

1）使用电致晕装置应遵守以下建议。

a）应定期设计、建造、维护和清洁电极，以确保电流达到最佳，并符合制造规范。电极放置位置应使电流横跨大脑。除非动物已被致晕，否则不能接受绕过大脑的电流。禁止使用腿对腿单一电流致晕方法。

b）此外，如果打算引起心脏骤停，电极电流应通过大脑，然后立即通过心脏，前提是确保动物已充分致晕，或电流同时通过大脑和心脏。

c）电致晕设备不应作为引导、驱赶、保定或固定动物的手段应用于动物，并且在实际致晕或扑杀动物之前，不得对动物进行任何电击。

d）电致晕装置在用于动物之前，应使用适当的电阻器或虚拟负载对其电致晕效果进行测试，以确保输出功率足以致晕动物。

e）电致晕装置应包括一个监测和显示电压（实际有效值）和施加电流（实际有效值）的装置，并至少每年定期校准此类装置。

f）可以采取适当的措施，如仅在接触点剪除多余的毛或湿润皮肤，以尽量减少皮肤阻抗，促进有效的致晕。

g）致晕装置应与被致晕动物种类相适应。电致晕装置应配备足够的功率，以持续达到表7-2建议的电致晕最小电流水平。

h）在所有情况下，应在电击开始后1秒内达到适当的电流水平，并根据制造商的说明保持1～3秒。表7-2列出了仅头部致晕的最小电流水平。

表7-2 不同动物仅头部致晕的最小电流

动物种类	仅头部致晕最小电流（安培）
牛	1.5
犊牛（6个月以下的牛）	1.0
猪	1.25
绵羊和山羊	1.0
羔羊	0.7
鸵鸟	0.4

2）家禽水浴电致晕应遵守以下建议。

a）吊挂链不应出现急弯或陡坡，且应尽可能短，以达到可接受的移动速度，确保家禽到达水浴时已安定下来。抚胸板可以有效地减少翅膀拍打，使鸟类平静。吊挂链接近水浴入口的角度、水浴入口的设计以及水浴池溢水的排出，都是确保家禽进入水浴时保持平静、不拍打翅膀、不受致晕前电击的重要影响因素。

b）将家禽悬挂至移动链时，应采取措施确保家禽不会在致晕入口处拍打翅膀。应将家禽牢牢地固定在脚镣上，但不应对它们的腿部施加过大的压力。脚镣大小应适合家禽腿部（跖骨）大小。

c）家禽双腿都应固定在脚镣上。

d）腿折断或翅膀脱臼的家禽应以人道方式宰杀，而不应上脚镣。

e）应尽可能缩短将家禽挂上脚镣到致晕之间的时间。任何情况下，挂脚镣和致晕之间的时间不应超过1分钟。

f）家禽水浴池大小和深度应适应待宰家禽种类，其高度应可调节，以允许每只家禽头部都能浸入水中。浸入水浴池中的电极应覆盖水浴池整个长度。家禽翅膀基部应浸入水浴中。

g）应正确设计和维护水浴池，确保脚镣通过水面上方时持续接触接地的摩擦棒。

h）水浴电致晕器的控制盒应配电流表，显示通过家禽的总电流。

i）吊挂家禽前，最好应弄湿鸡腿与腿镣的接触面。为了提高水的导电性，建议需要时向水浴池加盐。应定期加盐，确保水浴盐浓度稳定。

j）不同家禽阻抗不同，使用水浴池时，可分组致晕家禽。应调整电压，使总电流为表7-3所示每只家禽所需的电流，乘以同时在水浴池中的家禽数量。当使用50赫兹正弦交流电时，表7-3中的数值能达到满意的效果。

k）家禽通电时间应至少4秒。

l）虽然较小的电流也可以达到满意的效果，但任何情况下，使用的电流都应确保家禽立即丧失意识，并持续到家禽心脏骤停或因放血而死亡。当使用的电流频率较高，则可能需要更大的电流（表7-4）。

m）应尽一切努力确保没有清醒或活着的家禽进入烫毛池。

n）使用没有配备致晕和放血安全装置的自动系统时，应有手动备用系统，以确保任何错过水浴致晕器/自动切颈器的家禽立即致晕/宰杀，并在进入烫毛池之前死亡。

o）为了减少未能有效致晕的家禽达到切颈器的数量，应采取措施确保小家禽应单独致晕，不会混入大家禽中。水浴电致晕器的高度应根据家禽的大小调整，确保即使是小家禽，其翅膀基部也能浸入水浴中。

p）水浴致晕设备应配备显示和记录电气关键参数详细信息的装置。

表7-3 使用50赫兹时致晕家禽的最小电流

物种	电流（毫安/只）
肉鸡	100
蛋鸡（淘汰蛋鸡）	100
火鸡	150
鸭和鹅	130

表 7-4　使用高频电流时致晕家禽的最小电流

频率（赫兹）	最小电流（毫安/只）	
	鸡	火鸡
50～200	100	250
200～400	150	400
400～1 500	200	400

4 气体致晕（研究中）

1）猪二氧化碳致晕应遵循以下原则。

二氧化碳致晕体积浓度最好为 90%，任何情况下都不得低于 80%。进入致晕室后，应尽快将动物传送至气体浓度最高的位置，直至死亡或进入无意识状态，并持续到放血而死亡。理想情况下，猪应暴露在该浓度下 3 分钟。从气体致晕室运出后，应尽快给动物放血。在任何情况下，气体浓度应尽可能降低动物丧失意识前的所有应激。

设计、建造和维护二氧化碳致晕室以及输送二氧化碳设备，应避免对动物造成伤害或不必要的应激。致晕室动物密度应避免动物相互堆叠在一起。

传送带和致晕室应有足够的照明，使动物观察到周围环境，如有可能，应能看到彼此。

使用二氧化碳致晕室时，应能进行检查，在紧急情况下能接近动物。

致晕室应配备连续测量和显示记录致晕点二氧化碳浓度和暴露时间的装置，并配有二氧化碳浓度低于要求时可清晰看到、听到的报警装置。

致晕室出口处应备有紧急致晕设备，用于任何没有完全致晕的猪。

2）猪惰性混合气体致晕应遵循以下原则。

吸入高浓度二氧化碳后，动物会厌恶，感到痛苦。因此，正在开发动物不厌恶的混合气体。

此类混合气体包括：

a）氩气、氮气或其他惰性气体，其中氧气体积浓度不超过 2%；

b）二氧化碳和氩气、氮气或其他惰性气体的混合物，其中二氧化碳体积浓度不超过30%，氧气体积浓度不超过2%。

暴露在混合气体中的时间应足够长，确保猪因放血或心脏骤停而死亡之前不会恢复意识。

3）家禽气体致晕应遵循以下原则。

气体致晕的主要目的是避免水浴致晕宰杀系统中给有意识的家禽戴脚镣造成的疼痛和痛苦。因此，气体致晕应仅限于装在运输箱内或传送带上的家禽。家禽对混合气体应没有厌恶感。

运输模块或板条箱中的活禽可能会暴露在逐渐增加的二氧化碳浓度下，直到完全致晕。在放血过程中，任何家禽都不应恢复知觉。

对运输箱中的家禽进行气体致晕，可避免加工厂操作活禽，以及电致晕产生的相关问题。在传送带上对家禽进行气体致晕，可避免水浴电致晕相关的问题。

应通过运输箱或传送带将活禽传送到混合气体中。

以下气体处理程序已成功用于鸡和火鸡，但不一定适用于其他家禽。任何情况下，设计该程序应确保所有动物都能完全致晕，而不会遭受不必要的痛苦。气体致晕的一些监测点可能如下：

　　a）确保板条箱或家禽顺利进入并通过系统；

　　b）避免板条箱内或传送带上的家禽拥挤；

　　c）在运行过程中持续监测和保持气体浓度；

　　d）安装视、听报警系统，在气体浓度与动物种类不适宜时报警；

　　e）校准气体监测仪，并保存可核查的记录；

　　f）确保暴露时间足以防止动物意识恢复；

　　g）制定规范，监控动物意识恢复情况，并采取处理措施；

　　h）确保切断血管以诱发家禽无意识死亡；

　　i）确保所有家禽进入烫毛池之前都已死亡；

　　j）制定系统故障应急程序。

致晕家禽的混合气体包括：

　　a）暴露于40%二氧化碳、30%氧气和30%氮气中至少2分钟，然后暴露于 80% 二氧化碳的空气中至少 1 分钟；

　　b）暴露于氩气、氮气或其他惰性气体与大气和二氧化碳的任何混合物中至少 2 分钟，前提是二氧化碳体积浓度不超过 30%，残余氧气体积浓度不超过 2%；

　　c）暴露于氩气、氮气、其他惰性气体或这些气体的任何混合物的空气中至少 2 分钟，其中残余氧气体积浓度不超过 2%；

　　d）暴露于二氧化碳不低于 55% 的空气中至少 2 分钟；

　　e）暴露于 30% 二氧化碳的空气中至少 1 分钟，然后暴露于二氧化碳不低于 60% 的空气中至少 1 分钟。

有效使用的要求如下：

　　a）注入致晕室之前，应在室温下将压缩气体气化，以防止任何热冲击；任何情况下，都不应将处于冰点温度的固体气体注入致晕室；

　　b）应将混合气体湿化；

　　c）应持续监测和显示致晕室家禽处氧气和二氧化碳浓度，确保家禽缺氧。

任何情况下暴露于混合气体的家禽都不应恢复知觉。如有必要，应延长暴露时间。

5 放血

从动物福利的角度看，用可逆方法致晕的动物应立即放血。从致晕到放血的最长间隔取决于致晕方法、动物种类和放血方法（如有可能，切断颈部双侧血管或刺穿胸部）。因此，根据这些因素，屠宰场操作员应设置从致晕到放血的最长间隔，以确保动物在放血期间不会恢复知觉。在任何情况下，应遵守以下时间间隔的规定（表 7-5）。

表 7-5　致晕方法下致晕到放血的最大时间间隔

致晕方法	致晕到放血的最大时间间隔
电致晕法和非穿透性捕获栓枪法	20 秒
二氧化碳致晕法	60 秒（离开致晕室后）

所有动物都应通过切断颈部双侧颈动脉或相连血管（如刺穿胸部）

进行放血。然而，当使用的致晕方法导致心脏骤停时，从动物福利的角度看，不需要切开所有这些血管。

在整个放血期间，工作人员应能够观察、检查和接近动物。任何表现出恢复意识迹象的动物都应再次致晕。

血管切开后，至少30秒内，不得对动物胴体进行烫毛或修整处理，除非动物所有脑干反射停止。

第7.5.8条

表7-6总结分析了致晕方法及相关动物福利问题。

表7-6 致晕方法及相关动物福利问题

方法	具体方法	动物福利问题及其影响	可采用的关键动物福利要求	动物品种	备注
机械致晕法	枪击	不准确瞄准和不适当的弹道	操作员专业技能；实现第一枪直接扑杀	牛、犊牛、水牛、鹿、马、猪（公猪和母猪）	人员安全
	穿透式捕获栓枪致晕	不准确瞄准、栓枪发射速度和口径不对	熟练操作和维护设备；保定；准确度	牛、犊牛、水牛、绵羊、山羊、鹿、马、猪、骆驼、走禽、家禽	不适用于从疑似疯牛病的动物身上采集样本；在射击无效的情况下，应有一把备用枪
	非穿透式捕获栓枪致晕	不准确的瞄准、发射速度，潜在故障率比穿透式捕获栓枪高	熟练操作和维护设备；保定；准确度	牛、小牛、绵羊、山羊、鹿、猪、骆驼、走禽、家禽	不建议将目前可用的设备用于年轻公牛和头骨较厚的动物。仅在没有替代方法时才用于牛和羊
	人力击打	瞄准不准确；动力不足；设施大小不适	动物操作员专业技能；保定；准确性。不推荐当作常用方法	幼小和小型哺乳动物、鸵鸟和家禽	机械装置可能更可靠。在使用人工击打情况下，应通过对中央颅骨的单次猛烈打击达到昏迷的目的

（续表）

方法	具体方法	动物福利问题及其影响	可采用的关键动物福利要求	动物品种	备注
电致晕法	分离式操作：①穿过头部，然后从头部到胸部；②穿过头部，然后穿过胸部	突然预电击；电极定位；在动物有意识的情况下向其身体施加电流；电流和电压不足	熟练操作和维护设备；保定；准确度	牛、犊牛、绵羊、山羊和猪、走禽和家禽	第一次电击时，不应重复使用仅头部或从头部至腿部的电流持续时间短（<1秒）的系统
电致晕法	单步操作：①仅头部电击；②从头部至身体电击；③从头部至腿部电击	突然预电击；电流和电压不足；电极定位错误；动物意识恢复	熟练操作和维护设备；保定；准确度	牛、小牛、绵羊、山羊、猪、走禽和家禽	
电致晕法	水浴致晕	保定、突然预电击；电流和电压不足；动物意识恢复	熟练操作和维护设备	仅限家禽	
气体致晕法	气体混合物致晕：二氧化碳与氧气/空气、二氧化碳与惰性气体	高浓度二氧化碳引起厌恶；呼吸窘迫；暴露不足	浓度；暴露持续时间；设备的设计、维护和操作；密度管理	猪、家禽	
气体致晕法	惰性气体致晕	恢复意识	浓度；暴露持续时间；设备的设计、维护和操作；密度管理	猪、家禽	

第7.5.9条

表7-7总结分析了屠宰方法及相关动物福利问题。

表 7-7 屠宰方法及相关的动物福利问题

方法	具体方法	动物福利问题及其影响	适用的动物福利关键要求	动物种类	备注
不致晕切断颈部血管放血法	从正面完全切开喉咙	未能切断双侧颈总动脉；切断的动脉发生闭塞；切割时和切割后的疼痛	操作员专业技能高。刀刃或刀具锋利，足够长，以便使刀尖穿透切口，露在外面；刀尖不应用来作切割。割喉时，切口不应盖住刀	牛、水牛、马、骆驼、绵羊、山羊、家禽、走禽	在放血完成之前（如哺乳动物至少30秒），不应进行进一步操作。不鼓励在放血后立即移除血凝块，因为这可能会增加动物的痛苦
先致晕后放血法	从正面完全切开喉咙	未能切断双侧颈总动脉；切断的动脉发生闭塞；切割时和切割后的疼痛	刀刃或刀具锋利，足够长，以便使刀尖穿透切口，露在外面；刀尖不应用来切割。割喉时，切口不应盖住刀	牛、水牛、马、骆驼、绵羊、山羊	
	切开颈部后向前切割	无效致晕；未能切断双侧颈总动脉；血流受阻；可逆致晕后切割延迟	快速、准确地切割	骆驼、绵羊、山羊、家禽、走禽	
	仅切开颈部	无效致晕；未能切断双侧颈总动脉；血流受阻；可逆致晕后切割延迟	快速、准确地切割	骆驼、绵羊、山羊、家禽、走禽	
	从胸部刺穿主动脉或管形刀刺穿心脏	无效致晕；刺杀用刀的尺寸不够，刀的长度不够；可逆致晕后切割延迟	快速、准确地切割	牛、绵羊、山羊、猪	
	切开颈部皮肤，然后切断颈部血管	无效致晕；切口不够大，刀具长度不够；可逆致晕后切割延迟	快速、准确地切断血管	牛	

（续表）

方法	具体方法	动物福利问题及其影响	适用的动物福利关键要求	动物种类	备注
先致晕后放血法	自动化机械切割	无效致晕；切割失败和切割错位；可逆致晕后意识恢复	设计、维护和操作好设备；切割精度；备用人员	仅家禽	
	人工切割一侧颈部	无效致晕；可逆致晕后意识恢复	先前不可逆致晕	仅家禽	注意：屠宰时不致晕，失去意识缓慢
	切开口腔	无效致晕；可逆致晕后意识恢复	先前不可逆致晕	仅家禽	注意：屠宰时不致晕，失去意识缓慢
不致晕屠宰的其他方法	用锋利刀具切断头部	由于没有立即失去意识，引起疼痛		绵羊、山羊、家禽	这种方法只适用于锡克教（Jhatka）屠宰
	人工颈部脱位和切断头部	由于没有立即失去意识，引起疼痛；难以用于体型大的家禽	颈部脱位应一次完成，以切断脊髓	仅家禽	这种方法仅用于宰杀少量小型家禽
水浴电致晕引起心脏骤停法	开膛放血		诱发心脏骤停	鹌鹑	
	切颈放血			家禽	

第 7.5.10 条 考虑到动物福利，不可接受的方法、程序或实践

1）通过电击固定或伤害固定的保定方法，例如断腿、切断腿部肌腱和切断脊髓（如使用短尖刀或匕首），会导致动物严重疼痛和应激。这些方法不得用于任何种类动物。

2）腿部单次电击致晕方法是无效的，不得用于任何种类动物。

3）未经事先致晕，通过刺穿眼窝或颅骨切断脑干，这样的屠宰方法不得用于任何种类动物。

6.3 WOAH《陆生动物卫生法典》——动物福利与肉牛生产系统

6.3 由笔者根据 WOAH《陆生动物卫生法典》第 7 部分《动物福利》（第 31 版，2023）的英文原版翻译而成。

第 7.9 章 动物福利与肉牛生产系统

第 7.9.1 条 定义

肉牛生产系统是指所有用于生产牛肉的商品牛生产系统，包括繁育、饲养和肥育的部分或全部环节。

第 7.9.2 条 范围

本章介绍了肉牛生产系统中肉牛从出生到育肥的福利，但不包括小牛肉生产。

第 7.9.3 条 商品肉牛生产系统

商品肉牛生产系统有 3 种类型。

1 集约化养殖系统

指完全依赖人每天提供饲料、庇护和饮水等基本需要的肉牛圈养系统。

2 粗放养殖系统

指牛可以自由地在舍外活动，具有一定的自主选择饲料（通过放牧）、饮水和出入庇护棚的系统。

3 半集约化养殖系统

指将集约化养殖系统和粗放养殖系统相混合，并根据天气条件或牛的生理状态，同时或交替采用这两种养殖系统的任何系统。

第7.9.4条 肉牛福利指标或可测量指标

以下基于结果的可测量指标，特别是基于动物的可测量指标，可以成为动物福利的有用指标。这些指标的使用和适当的阈值应根据管理肉牛的不同情况而变。还应考虑到不同的养殖系统。

1 行为

某些行为可能表明存在动物福利问题。这些行为包括采食量减少、呼吸率增加或喘气（通过喘气评分评估），以及表现出刻板、攻击、抑郁或其他异常行为。

2 发病率

当发病率（包括疾病、跛行、手术后并发症和受伤率）超过公认的阈值时，可作为整个牛群动物福利状况的直接或间接指标。了解疾病或综合征的病因，对发现潜在的动物福利问题非常重要。评分系统可以提供额外的信息，如跛行评分。

尸检对于确定牛的死亡原因很有用。临床病理和尸检病理都可以作为疾病、伤害和其他可能影响动物福利问题的指标。

3 死亡率

死亡率与发病率一样，可以作为动物福利状况的直接或间接指标。根据饲养方式，可以通过分析死亡原因以及死亡的时空变化估算死亡率。应按每天、每月、每年或参照生产周期内的关键活动有规律地记录死亡率。

4 体重和体况变化

对于生长动物，体重增加可作为动物健康和动物福利的指标。体况不佳和体重明显下降可以作为福利受损的指标。

5 繁殖效率

繁殖效率可以作为动物健康和动物福利状况的一个指标。繁殖性能差可以表明存在动物福利问题，例如：

1）不发情或产后间情期延长；

2）受孕率低；

3）流产率高；

4）难产率高。

6 体貌

体貌可以作为动物健康和动物福利的指标，也可作为管理状况的指标。出现以下体貌可表明动物福利受损：

1）存在体外寄生虫；

2）被毛颜色或质地异常，或沾染过多粪便、泥土或污物；

3）脱水；

4）消瘦。

7 处理反应

处理不当会导致牛恐惧和痛苦，相应的指标可包括：

1）走出坡道或通道的速度；

2）经过坡道或通道的行为评分；

3）牛滑倒或摔倒的百分比；

4）用电刺棒驱赶牛的百分比；

5）牛撞击围栏或门的百分比；

6）在处理过程中受伤牛的百分比，如断角、断腿和撕裂伤；

7）保定时牛哞叫的百分比。

8 日常手术并发症

为了提高动物性能，方便管理，改善人类安全和动物福利，通常对肉牛施行外科和非外科手术。然而，如果做这些手术时处理不当，动物福利就会受到影响。这类问题的指标可能包括：

1）术后感染和肿胀；

2）蝇蛆病；

3）死亡。

第 7.9.5 条 建议

每项建议都包括一份从第 7.9.4 条衍生出的基于结果的可测量指标清单。这并不排除在适当情况下使用其他指标。

1 生物安全和动物健康

1）生物安全和疾病预防应遵循以下原则。

生物安全是指将畜群的健康状况保持在特定水平，并防止病原体进入或传播的一系列措施。

生物安全方案的设计和实施应与期望的畜群健康状况和当前的疾病风险相适应。对于 WOAH 列出的疫病，应遵循《陆生动物卫生法典》中的相关建议。

这些生物安全计划应着重控制病原体的主要来源和传播途径：

a）牛；

b）其他动物；

c）人；

d）设备；

e）运输工具；

f）空气；

g）供水系统；

h）饲料。

基于结果的可测量指标：发病率、死亡率、繁殖效率、体重和体况变化。

2）动物健康管理应遵循以下原则。

动物健康管理是指优化牛群的身体和行为健康及福利而设计的管理系统。此系统包括预防、治疗和控制疾病和影响牛群的健康问题，包括在适当的情况下记录疾病、受伤、死亡及治疗情况。

应制订一个有效预防和治疗疾病及牛群健康问题的方案，该方案应酌情与具备资质的兽医制订的方案相一致。

负责照顾牛的人应注意牛健康不良或痛苦的迹象，如饲料采食量和饮水量减少、体重和体况发生变化、行为发生变化或体貌异常。

动物管理员需对处于较高疾病或痛苦风险的牛进行更频繁的检查。如果动物管理员无法找到动物健康不良或痛苦的原因，或怀疑出现需报告的疾病，则应向经过培训或有经验的人寻求帮助，例如可向兽医或其他有资质的顾问咨询。

应由专业人员根据兽医或其他专家的建议对牛进行疫苗接种和其他治疗。

动物管理员应具备识别和处理不能走动的牛的经验。他们还应具备管理长期患病或受伤的牛的经验。

不能走动的牛应随时能获得饮水，并至少每天采食到一次饲料。除非为了绝对必要的诊断和治疗，否则不能运输或移动这些牛。在移动它们时应谨慎小心，避免采用拖拽或过度提升的方法。

当尝试治疗时，对无法独立站起来并拒绝进食或饮水的牛，一旦认为不可能恢复，就应按照 WOAH《陆生动物卫生法典》第 7.5 章的规定进行人道宰杀。

基于结果的可测量指标：发病率、死亡率、繁殖效率、行为、体貌及体重和体况变化。

2 环境

1）环境温度应遵循以下原则。

尽管牛可以适应较大范围的热环境，特别是如果在预期条件下使用适当的品种，但天气的突然变化会导致牛产生热应激或冷应激。

a）热应激应遵循以下原则。

牛的热应激风险受气温、相对湿度、风速等环境因素以及品种、年龄、体况、代谢率、被毛的颜色和密度等动物因素的影响。

动物管理人员应注意热应激对牛群造成的风险。如果预期的环境条件会导致牛产生热应激，应停止需要移动牛群的日常工作。如果牛的热应激风险达到较高的水平，动物管理人员应制订紧急行动计划，包括降低饲养密度、提供阴凉处、自由饮水以及通过喷淋使水渗透到毛皮降温。

基于结果的可测量指标：行为（包括喘息评分和呼吸率）、发病率、死亡率。

b）冷应激应遵循以下原则。

当极端低温天气条件可能对牛的福利造成严重风险时，应对牛提供保护，特别是对新生牛和犊牛以及其他生理受损的牛，可以提供天然或人工的庇护棚。

动物管理人员应确保牛冷应激时能获得足够的饲料和饮水。在极端寒冷的天气条件下，动物管理人员应制订紧急行动计划，为牛群提供庇护以及适当的饲料和饮水。

基于结果的可测量指标：死亡率、体貌、行为（包括异常姿势、发抖和蜷缩）。

2）光照应遵循以下原则。

对于无法获得自然光照的圈养牛，应提供补充照明，并遵循足以保证其健康和福利的自然光照周期，以促进牛表达自然行为，并保证动物管理人员能够对牛进行充分检查。

基于结果的可测量指标：行为、发病率、体貌。

3）空气质量应遵循以下原则。

良好的空气质量是牛的健康和福利的一个重要因素。空气质量受到气体、灰尘和微生物等空气成分的影响，并深受饲养管理的影响，特别是在集约化养殖系统中。空气成分受饲养密度、牛个体大小、地面、垫料、排污管理、牛舍设计和通风系统的影响。

适当的通风对促进牛有效散热、防止氨气和废气在密闭舍聚积非常重要。空气质量和通风不良是导致牛呼吸道不适和疾病的重要因素。密闭舍氨气含量不应超过25毫克/升。

基于结果的可测量指标：发病率、行为、死亡率、体重和体况变化。

4）噪声应遵循以下原则。

牛能适应不同水平和类型的噪声，但应尽量避免将牛暴露于突然的或巨大的噪声中，以防止发生应激和恐惧反应（如踩踏）。通风扇、饲喂机械或其他舍内外设备的建造、放置、操作和维护应尽量减少噪声。

基于结果的可测量指标：行为。

5）营养应遵循以下原则。

肉牛的营养需要已有明确规定。日粮能量、蛋白质、矿物质和维生素含量是决定肉牛生长、饲料转换率、繁殖效率和机体组成的主要因素。

应为牛提供适当数量和质量的营养平衡日粮，以满足其生理需要。当粗放养殖时，有时牛短期处在极端天气环境下，可能无法获得满足其日常生理需要的营养，动物管理人员应确保这种营养减少的阶段不会太长，如果福利受到影响，则应及时实施缓解策略。

动物管理人员应充分了解牛的体况，体况不应超出可接受的范围。如果没有补充料，应采取屠宰、出售或迁移或人道宰杀等措施避免牛饥饿。

饲料原料和饲料应质量良好，以满足营养需要。在适当的情况下，需要检测饲料和饲料原料中是否存在对动物健康不利的物质。

集约化生产系统中的牛通常采食含有高比例谷物（玉米、粟米、大麦、谷物副产品）和较低比例粗饲料（干草、秸秆、青贮、稻壳等）的日粮。粗饲料比例不足的日粮会导致育肥牛表达异常口部行为，如卷舌。随着谷物在日粮中比例的增加，牛消化不良的风险也会增加。动物管理人员应了解牛的体型和年龄、天气、日粮组成和日粮突然变化对消化不良及其负面后果（酸中毒、腹胀、肝脓肿、蹄叶炎）的影响。在适当的情况下，肉牛生产商应咨询牛营养学专家关于日粮配方和饲喂计划的建议。

肉牛生产商应熟悉各自区域的集约化养殖和粗放养殖潜在微量营养素缺乏或过量的情况，并在必要时使用适当配制的饲料补充剂。

所有的牛都需要充足、适口的饮水，以满足其生理需要，并且不含危害牛健康的污染物。

基于结果的可测量指标：死亡率、发病率、行为、体重和体况变化、繁殖效率。

6）地面、卧床、休息区和舍外区域应遵循以下原则。

在所有生产系统中，牛都需要一个排水良好且舒适的地方休息。牛群中所有的牛都应有充足的休息空间，并能够同时躺下休息。

集约化生产系统中，牛舍地面管理对牛的福利有很大影响。如果存在不适合休息的区域（如有过多的积水和粪便堆积的区域），应确保这些区域的粪水深度不会影响到动物福利，也不应覆盖到牛可利用的全部区域。

牛圈应有一定的坡度，使水能顺着料槽排出，也不会过多地积累在围栏中。

在条件允许的情况下应清洗牛圈，至少在每个生产周期后进行清洗。

如果将牛饲养在漏缝地面上，漏缝地面的板条和缝隙宽度应与牛蹄大小相适应，以防受伤。在可能的情况下，漏缝地面上的牛应能够进入卧床区。

在稻草或其他垫料系统中，垫料应保持干燥和舒适，方便牛躺卧。

混凝土过道的地面应开槽或有适当的纹理，以便为牛群提供足够的立足点。

基于结果的可测量指标：发病率（如跛行、压疮）、行为、体重和体况变化以及体貌。

7）社会环境应遵循以下原则。

管理牛应考虑到社会环境，因为它与动物福利有关，特别是集约化系统。牛群的社会环境问题包括：争斗和发情活动、小母牛和母牛混群、在同一圈栏饲养不同大小和年龄的牛、饲养空间少、饲喂空间不足、饮水通道不足以及公牛混群。

在所有养殖系统中，对牛的管理都应考虑到牛在群体中的社会关系。动物管理人员应了解不同牛群内形成的优势等级，并关注高风险的动物，如非常年轻、非常年老、体型小或体型大的牛，以发现欺凌和过度爬跨行为的证据。动物管理人员应了解动物之间争斗增加的风险，特别是在混群之后。应将表现过度争斗或爬跨行为的牛从牛群中移除。

不应将有角和无角的牛混养，因为有受伤的危险。

应提供足够的围栏，以最大限度地减少不适当的牛混群可能造成的任何动物福利问题。

基于结果的可测量指标：行为、体貌、体重和体况变化、发病率和死亡率。

8）饲养密度应遵循以下原则。

高饲养密度可增加伤害的发生，并对牛的生长率、饲料转化效率和行为（如运动、休息、采食和饮水）产生负面影响。

饲养密度的管理应确保牛的正常行为，包括牛自由躺下而无受伤风险、在围栏内自由行走、采食和饮水，不会受到拥挤的负面影响。饲养密度的管理还应确保牛增重和躺卧时间不会受到拥挤的负面影响。如果发现牛出现异常行为，应采取措施，降低饲养密度。

在粗放系统中，饲养密度应与可用的饲料供应量相匹配。

基于结果的可测量指标：行为、发病率、死亡率、体重和体况变化、体貌。

9）保护免受天敌侵害应遵循以下原则。

应尽可能保护牛免受天敌侵害。

基于结果的可测量指标：死亡率、发病率（受伤率）、行为、体貌。

3 管理

1）遗传选择应遵循以下原则。

为特定地区或生产系统选择品种或亚种时，除生产性能，还应考虑到福利和健康因素，包括维持营养需要、外寄生虫抵抗力和耐热性。

可以对品种中的个体动物进行遗传选择，以繁殖表现出对动物健康和福利有益性状的后代。这些性状包括母性本能、产犊难易程度、出生体重、泌乳能力、身体构造和性情。

基于结果的可测量指标：发病率、死亡率、行为、体貌、繁殖效率。

2）繁殖管理应遵循以下原则。

难产会给肉牛福利带来风险。只有小母牛达到足够体成熟，才能配种，以确保分娩时母牛和犊牛的健康和福利。公牛对新生犊牛的大小具有高度遗传性，因此显著影响母牛产犊的难易程度。因此，公牛的选择应考虑母牛的成熟度和体型大小。对小母牛和母牛胚胎移植、人工授精和交配，不应对后代和母牛增加福利风险。

应做好怀孕期间母牛和小母牛的管理，不能养得太胖或太瘦。过度肥胖会增加难产的风险，体况过度增加和减少都会增加妊娠后期或产后代谢紊乱的风险。

在可能的情况下，应在母牛和小母牛接近产犊时对其进行监测。若观察到产犊困难，应在发现后尽快由能胜任的操作人员进行助产。

基于结果的可测量指标：发病率（难产率）、死亡率（母牛和犊牛）、繁殖效率。

3）初乳应遵循以下原则。

犊牛从牛初乳中获得的免疫力一般取决于摄入的初乳数量和质量，以及犊牛出生后多长时间摄入牛初乳。

在可能的情况下，动物管理员应确保犊牛在出生后 24 小时内摄入足够的初乳。

基于结果的可测量指标：死亡率、发病率、体重变化。

4）断奶应遵循以下原则。

在本章中，断奶是指犊牛采食以牛奶为主的日粮转变为采食以纤维为主的日粮。在肉牛生产系统中，断奶会给犊牛造成应激。

只有当犊牛的瘤胃消化系统发育足够好，能够维持生长和福利时，才可断奶。

在肉牛生产系统中，有不同的断奶方式，包括突然与母牛分离、利用围栏将母牛和犊牛分离以及在犊牛鼻中放置阻止吃奶的装置。

如果突然断奶后，立即出现额外的应激原，如运输，则应特别注意，因为在这样的情况下，犊牛发病率风险会增加。

如有必要，肉牛生产商应就最适合其饲养品种和生产系统的断奶时间和方法，征求专家建议。

基于结果的可测量指标：发病率、死亡率、行为、体貌、体重和体况变化。

5）痛苦的常规手术应遵循以下原则。

出于生产效率、动物健康和福利以及人类安全的考虑，通常会对牛采取可能造成疼痛的常规手术。进行这些常规手术时，应尽量减少动物的疼痛和应激。这些常规手术应尽可能在幼年时进行，或在兽医的建议或监督下使用麻醉剂或镇痛剂。

为了提高与这些常规手术相关的动物福利，未来的选项包括：停止痛苦的常规手术，并通过管理策略解决当前的手术需求；培育不需要常规手术的牛；或用已被证明能提高动物福利的非手术方法取代当前的常规手术。

相关饲养措施包括：去势、去角、卵巢切除（绝育）、断尾、标识。

a）去势应遵循以下原则。

许多生产系统都对肉牛去势，以减少动物之间的攻击、提高人类安全、避免群体中母牛意外怀孕以及提高生产效率。

如果有必要对肉牛去势，肉牛生产商应向兽医寻求指导，了解适合其饲养的品种和生产系统的最佳去势方法与时间。

用于肉牛的去势方法包括手术切除睾丸、缺血法、压碎和破坏精索。

在可行的情况下，最好应在3月龄之前给牛去势，或在3月龄后抓住第一个可以操作的机会，使用对牛造成最小疼痛或痛苦的有效方法去势。

肉牛生产商应就肉牛去势时能否用上合适的镇痛剂或麻醉剂，向兽医寻求指导，特别是对年龄较大的动物。

对肉牛去势的操作人员应经过培训，能够完成所采用的方法，并能够识别并发症。

b）去角（包括去角芽）应遵循以下原则。

为了减少动物受伤和牛皮受损，提高人类安全，减少对设施的损害，方便运输和处理，通常会给肉牛去角。在可行且适合的生产系统中，选择无角牛比去角更好。

如果有必要给肉牛去角，肉牛生产商应向兽医寻求指导，了解适合其饲养的品种和生产系统的最佳去角方法与时间。

在可行的情况下，应在牛角发育仍处于角芽阶段时，或在超过这个阶段后抓住第一个可以操作的机会给牛去角。这是因为当牛角发育仍处于角芽阶段时，去角对组织创伤较小，而且牛角尚未附着在动物的头骨上。

在角芽阶段，去角（去角芽）方法包括用刀切除角芽、热灼角芽或用化学贴烧灼角芽。在牛角已长出的情况下，通过切割或锯开靠近头骨的牛角基部来实现去角。

肉牛生产商应就肉牛去角时能否用上合适的镇痛剂或麻醉剂，向兽医寻求指导，特别是在牛角生长较晚的老年动物中。

对肉牛去角的操作人员应经过培训，能够胜任所采用的方法，并能够及时发现并发症。

c）卵巢切除（绝育）应遵循以下原则。

在粗放养殖牧场，有时需要对小母牛进行卵巢切除以防止意外怀孕。手术绝育应由兽医或受过严格训练的操作人员完成。肉牛生产商应就肉牛绝育时能否用上合适的镇痛剂或麻醉剂，向兽医寻求指导。应鼓励使用镇痛剂或麻醉剂。

d）断尾应遵循以下原则。

对肉牛断尾，是为了防止圈养牛尾尖出现坏死。研究表明，增加每头牛的空间和适当的垫料，可以有效防止尾尖坏死。因此，不建议生产商对肉牛断尾。

e）标识应遵循以下原则。

从动物福利的角度看，耳标、耳缺、刺纹标识、冷冻烙印和射频识别是永久识别肉牛的首选方法。然而，在某些情况下，热烙铁烙印可能成为必需，或者成为永久识别肉牛的唯一实用方法。应使用适当的设备快速、专业地完成对牛的烙印标识。还应根据第4.2章建立标识系统。

基于结果的可测量指标：术后并发症发生率、发病率、行为、体貌、体重和体况变化。

6）处理和检查应遵循以下原则。

对肉牛的检查间隔应与生产系统以及牛的健康和福利所面临的风险相适应。在集约化养殖系统中，应至少每天检查一次牛。

一些牛可从更频繁的检查中获益，如新生犊牛、妊娠晚期母牛、刚断奶的犊牛、经历环境应激的牛以及经历痛苦的常规或兽医外科手术的牛。

动物管理人员需要有能力识别肉牛健康、疾病和福利的临床症状。应拥有足够数量的动物管理人员，保证牛的健康和福利。

经诊断患病或受伤的肉牛，应在第一时间由有能力且经过培训的动物管理人员给予适当治疗。如果动物管理人员无法提供适当的治疗，应寻求兽医的帮助。

如果动物状况表明预后不良，几乎没有恢复的机会，则应尽快人道扑杀该动物。关于人道扑杀肉牛的方法介绍，参见第7.6.5条。关于处理牛的建议，还可参见第7.5章。

如果将肉牛从放牧场所转入处理设施，应以最慢的速度安静、平和地移动它们。应考虑天气条件，不应在过热或过冷的条件下赶牛。不应在驱赶中引起牛恐慌。在聚集和处理牛群可能会产生应激的情况下，应考虑将必要的操作结合起来在一次处理活动中完成，避免对牛多次处理。如果处理本身对牛没有应激，各项操作应随着时间的推移逐步进行，以避免多项操作带来累加应激。

经过适当训练的狗可以作为放牛的有效帮手。牛能适应不同的视觉环境，然而，在可能的情况下，应尽量减少将牛暴露于突然或持续的运动或视觉有反差的环境中，以防止牛产生应激或恐惧反应。

不应使用电固定方法。

基于结果的可测量指标：处理反应、发病率、死亡率、行为、繁殖效率、体重和体况变化。

7）人员培训应遵循以下原则。

所有负责肉牛的人员都应具备与其职责相称的能力，并应了解牛的饲养、行为、生物安全、疾病的一般迹象，以及动物福利不佳的迹象，如应激、疼痛和不适，以及如何缓解。

人员能力可以通过正式培训或实践经验获得。

基于结果的可测量指标：处理反应、发病率、死亡率、行为、繁殖效率、体重和体况变化。

8）应急计划应遵循以下原则。

如果电力、水和饲料供应系统发生故障危及动物福利，肉牛生产商应制订应急计划，以应对这些供应系统的故障。这些计划可包括提供检测故障的故障安全警报、备用发电机、维修商的联系方式、牧场储存水的能力、水车服务的联系方式、牧场储存充足的饲料和替代饲料的供应。

应制订应急计划，尽量减少和减轻自然灾害或极端气候条件的影响，如热应激、干旱、暴风雪、火灾和洪水。对患病或受伤的牛实行人道扑杀应是应急计划的一部分。在干旱时期，应尽早做出处理动物的决定，包括考虑减少牛的数量。应急计划还应包括在面临紧急疫病暴发时农场的管理，并符合国家的规定和兽医服务部门的建议。

9）选址、建筑和设备应遵循以下原则。

肉牛养殖场地理位置应适当，有利于肉牛的健康、福利和生产力。

所有肉牛饲养设施的建造、维护和运行，应尽量减少对肉牛福利的影响。

处理和保定肉牛的设备只能以尽量减少牛受伤、疼痛或痛苦风险的方式使用。

在集约化或粗放养殖的生产系统中，都应向牛提供足够的空间，确保它们的舒适和社会活动。

拴系饲养的牛至少应能躺下，如果将牛拴在舍外，应确保牛能转身和走动。

在集约化生产系统中，料槽应足够大，以便牛有足够的机会采食，料槽应保持清洁，没有变质、发霉、发酸、结块或不适口的饲料。此外，牛应随时可以饮水。

饲养设施的地面应能适合排水，牛舍、通道及坡道应防滑，以防止牛受伤。

通道、坡道和围栏应没有尖锐的边缘和突出物，以防止牛受伤。

过道和门的设计和操作应避免阻碍牛的移动。地面应防滑，可采用槽纹混凝土、金属栅板（不锋利）、橡胶垫或深沙，以尽量减少滑倒和跌倒。安静的操作对减少滑倒至关重要。操作闸门和门闩时，应尽量减少噪声，因为过大的噪声可能会导致牛痛苦。

应根据要处理的牛大小，适当调整液压、气动和手动保定设备。液压和气动操作的保定设备应有压力保定装置，以防止牛受伤。必须对工作部件进行定期清洁和维护，以确保设备功能正常和牛只安全。

应确保饲养设施中使用的机械和电气设备对牛来说是安全的。

在肉牛生产中，有时会使用药浴来控制牛体外寄生虫。如果使用这种方法，药浴池的设计和操作应尽量减少拥挤的风险，以防止牛受伤和溺水。

装载牛时应按照WOAH《陆生动物卫生法典》第7.2章、第7.3章和第7.4章的规定进行。

基于结果的可测量指标：处理反应、发病率、死亡率、行为、体重和体况变化、体貌、跛行。

10）人道扑杀应遵循以下原则。

对于生病和受伤的牛，应及时进行诊断，以确定进行人道扑杀还是给予额外的护理。

应由能胜任的人决定并执行动物的人道扑杀。人道扑杀的原因可能包括：

  a）严重消瘦、虚弱、不能行走或有可能瘫痪；

  b）不能站立行走、拒绝采食或饮水、对治疗没有反应；

  c）治疗不成功、病情迅速恶化；

  d）严重疼痛导致虚弱；

  e）复合型（开放性）骨折；

  f）脊髓损伤；

  g）中枢神经系统疾病；

  h）多关节感染并伴有长期体重下降。

关于人道扑杀肉牛的方法介绍，见第7.6.5条。

6.4 WOAH《陆生动物卫生法典》——动物福利与肉鸡生产系统

6.4 由笔者根据 WOAH《陆生动物卫生法典》第 7 部分《动物福利》（第 31 版，2023）的英文原版翻译而成。

第 7.10 章 动物福利与肉鸡生产系统

第 7.10.1 条 定义

肉鸡是指为商品鸡肉生产而饲养的一种家禽，不包括在村庄或庭院饲养的家禽。

出栏是指在养殖场捕捉和装载肉鸡，然后运输到屠宰场的过程。

第 7.10.2 条 范围

本章涉及商业生产系统中从雏鸡到肉鸡出栏的生产周期。这些系统涉及不同生产规模下对肉鸡的限制、生物安全措施的应用以及肉鸡产品的贸易。这些建议适用于舍内外笼养、板条地面以及垫料/泥土地面饲养的肉鸡。

肉鸡生产系统包括以下 3 种。

1 密闭式饲养系统

肉鸡完全在有或没有环境控制的鸡舍内饲养。

2 半密闭饲养系统

肉鸡在可进出舍外有限区域的鸡舍饲养。

3 完全舍外饲养系统

肉鸡在整个生产周期中不在鸡舍内饲养，但在指定的舍外区域饲养。

关于肉鸡运输至屠宰场的福利，参见 WOAH《陆生动物卫生法典》第 7.2 章、第 7.3 章和第 7.4 章。

第 7.10.3 条 肉鸡福利标准和测量指标

肉鸡的福利应使用基于结果的测量指标，还应考虑提供的资源和饲养系统的设计。以下基于结果的测量指标可用于评估动物福利状况。这些指标的使用及其适当的阈值应适应肉鸡管理的不同情况，也应考虑到相关肉鸡品系。

一些指标可以在养殖场测量，如步态、死亡率和发病率，而其他指标最好在屠宰场测量。例如，可以在屠宰场评估鸡群的瘀伤、腿骨折和其他损伤。根据肉鸡出现这些损伤的日龄可以帮助确定损伤来源。在屠宰场也很容易观察到背部抓伤、接触性皮炎和胸部囊肿，还可以评估腹水、腿畸形、脱水和疾病等。建议参照适当的国家、部门或区域商业肉鸡生产规范，确定福利测量值。

以下基于结果的测量指标是评估肉鸡福利的有用指标。

1 死亡率、淘汰率和发病率

每日、每周和生产周期的总死亡率、淘汰率和发病率应在预期范围内。如果这些发生率的增加超出预期范围，则表明可能存在动物福利问题。

2 步态

肉鸡很容易患上各种感染性和非感染性的肌肉骨骼疾病。这些疾病可能导致肉鸡跛行和步态异常。跛行或步态异常的肉鸡可能难以获得饲料和饮水，并有可能被其他肉鸡踩踏，出现疼痛。肌肉骨骼问题有很多原因，包括遗传、营养、卫生、照明、垫料质量以及其他环境和管理因素。有几种步态评分系统可供选择。

3 接触性皮炎

接触性皮炎会影响长期接触潮湿垫料或其他潮湿地面的皮肤。这种情况表现为，脚垫下表面、跗关节后部以及有时胸部的皮肤变黑，逐渐发展为糜烂和纤维化。如果病情严重，足部和跗关节的病变可能导致跛行，甚至继发感染。已经开发了用于屠宰场的接触性皮炎的有效评分系统。

4 羽毛状况

评估肉鸡羽毛状况，可以提供有关动物福利方面的有用信息。肉鸡羽毛脏污程度与接触性皮炎和跛行有关，也可能与环境和生产系统有关。作为养殖场检查的一部分，羽毛脏污程度可在出栏时或脱毛前评估。为此，已经开发了一个评分系统。

5 疾病发生率、代谢紊乱和寄生虫感染

健康状况不佳，不管什么原因，都是一种福利问题。恶劣的环境或不当的饲养管理可能会恶化动物的健康状况。

6 行为

1）恐惧行为。肉鸡的恐惧行为表现为躲避人类。动物操作员在鸡舍中快速走动时，常发生这种恐惧行为；若动物操作员在与肉鸡互动时能缓慢移动，则可能不会引起肉鸡恐惧。恐惧（如对巨大噪声的反应）也可能导致肉鸡出现踩踏，甚至引起窒息。受惊的肉鸡生产性能可能会降低。目前人们已经开发出评估恐惧的有效方法。

2）空间分布。鸡空间分布的变化（如挤成一团）可能表明，热环境不舒适，或存在潮湿的垫料，或光照、饲料或饮水供应不均。

3）喘气和展翅。过度的喘息和展翅表明热应激或空气质量差，如空气中氨气浓度高。

4）尘浴。尘浴是许多家禽（包括肉鸡）表达的一种复杂的身体维护行为。在尘浴过程中，肉鸡通过羽毛抖落身上的脏物，如垫料。尘浴有助于保持羽毛的良好状态，也有助于保持体温和防止皮肤损伤。鸡群的尘浴行为减少，可能表明垫料或活动区质量有问题，如垫料或地面潮湿或不易弄碎。

5）采食、饮水和觅食。采食或饮水行为减少，可能表明管理有问题，包括饲喂器或饮水器空间不足或位置放置不当、日粮不平衡、水质差或饲料污染。当肉鸡患病时，采食和饮水行为往往会减少。在热应激期间，采食量也可能减少，而在冷应激期间则会增加。觅食是寻找食物的行为，通常表现为行走和啄食或抓挠垫料。觅食活动的减少可能表明，垫料

质量有问题，或存在减少肉鸡活动的因素。

6）啄羽和同类相残。啄羽行为可能导致羽毛的大量损失，也可能会导致同类相残。同类相残是指撕咬另一只鸡的肉，会造成严重的伤害。这些异常行为有多方面的原因。

7 水和饲料消耗量

监测每天的用水量是指示疾病和其他福利状况的有用工具，使用时应考虑环境温度、相对湿度、饲料消耗量和其他相关因素。水供应出现问题，可能会导致垫料潮湿、腹泻、皮炎或脱水。

饲料消耗量的变化可能表明，饲料不合适、存在疾病或其他福利问题。

8 生产性能

1）生长率。表示一群肉鸡平均日增重的指标。

2）饲料转化率。鸡群消耗的饲料量与出栏总活重的比值，表示为生产1千克肉鸡体重所需的饲料重量。

3）存活率。生产期结束时存活的肉鸡数量占生产初期总肉鸡数量的百分比。更常见的是，使用与之相反的指标死亡率。

9 受伤率

受伤率可以表示在养殖过程中或出栏时的动物福利问题。受伤包括其他肉鸡造成的损伤（如抓伤、啄羽和同类相残造成的羽毛脱落或受伤）、环境条件造成的损伤如皮肤损伤（如接触性皮炎）和人类造成的损伤如抓捕。捕捉过程中最普遍出现的损伤有擦伤、断腿、髋关节脱位和翅膀受损。

10 眼睛状况

患结膜炎，可能表明存在刺激性物质，如灰尘和氨气。高浓度氨气也可以引起角膜灼伤，并最终失明。异常的眼睛发育可能与低光照强度有关。

11 发出叫声

发出叫声可以表明肉鸡的情绪状态，有积极的也有消极的。经验丰富的动物操作员可能能够理解它们的叫声。

第 7.10.4 条 建议

1 生物安全和动物健康

1）生物安全和疾病预防应遵循以下原则。

应根据每个肉鸡流行病学群体特有的最佳鸡群健康状况和当前的疾病风险（地方性和外来性或跨境性），并按照WOAH《陆生动物卫生法典》中的相关建议，设计和实施生物安全方案。

这些方案应涉及控制疾病和病原体的主要传播途径：

  a）直接从其他家禽、家养和野生动物和人类传播；

  b）污染物，如设备、设施和车辆；

  c）病媒生物（如节肢动物和啮齿类动物）；

  d）气溶胶；

  e）水供应；

  f）饲料。

基于结果的可测量指标：疾病发生率、代谢紊乱和寄生虫感染、死亡率、生产性能。

2）动物健康管理、预防医学和兽医治疗应遵循以下原则。

饲养员应注意肉鸡健康不良或痛苦的征兆，例如采食量和饮水量的变化、生长缓慢、行为变化、异常的羽毛外观、粪便或其他物理特征。

如果动物操作员无法确定肉鸡患病、健康不佳或痛苦的原因，或无法纠正这些原因，或怀疑存在应报告的疾病，应向兽医或其他有资质的顾问咨询并寻求帮助。治疗的药方应由执业兽医开具。

预防和治疗疾病必须有一个由兽医服务机构制订的有效方案。

疫苗接种和治疗应在兽医或其他专家建议的基础上，由熟练掌握相关程序的人员进行，并考虑肉鸡福利。

对患病或受伤的肉鸡应尽快实行人道扑杀。同样，为诊断目的而剖杀肉鸡，也应按照第 7.6 章的规定，以人道的方式进行。

基于结果的可测量指标：疾病发生率、代谢紊乱和寄生虫感染、死亡率、生产性能、步态。

2 环境与管理

1）热环境应遵循以下原则。

鸡舍温度条件应适合肉鸡的发育阶段，应避免热、湿和冷的极端情况。对于生长阶段，热指数可以帮助确定肉鸡在不同温度和相对湿度水平下的舒适性。

当环境发生变化时，应采取措施以减轻对肉鸡的不利影响。这些措施可能包括调节空气流速、提供热量、蒸发冷却和调整饲养密度。

应频繁检查热环境管理情况，以便在造成福利问题之前发现系统故障。

基于结果的测量指标：行为、死亡率、接触性皮炎、水和饲料消耗量、生产性能、羽毛状况。

2）照明应遵循以下原则。

应具有足够的连续光照时间。

光照期间的光照强度应足够且分布均匀，以便肉鸡在鸡舍中能找到饲料和饮水，刺激肉鸡活动，并允许饲养员充分检查。

在日常的 24 小时内，应有足够、连续的黑暗时期，使肉鸡能够休息，以减少应激，促进正常的行为、步态和良好的腿部健康。

应有一段时间来逐渐适应光线的变化。

基于结果的可测量指标：步态、疾病发生率、代谢紊乱和寄生虫感染、行为、眼睛状况、伤害率。

3）空气质量应遵循以下原则。

任何时候都需要足够的通风，以提供新鲜空气，清除环境中的废气，如二氧化碳和氨气、灰尘和过多的水蒸气。

在肉鸡生产中，空气中氨气浓度通常不应超过 25 毫克/升。

粉尘浓度应保持在最低水平。如果肉鸡的健康和福利依赖于人工通风系统，则需要有备用电源和报警系统。

基于结果的可测量指标：呼吸系统疾病、代谢紊乱、眼睛状况、生产性能、接触性皮炎和行为。

4）噪声应遵循以下原则。

肉鸡能适应不同水平和类型的噪声，但应尽量减少肉鸡听到巨大的突发噪声，以防止发生应激和恐惧反应，如拍打翅膀。构建、放置、操作和维护通风机、进料机械或其他舍内外设备，均应尽量减少噪声。

在可能的情况下，养殖场选址时，应考虑到当地的噪声源。

基于结果的可测量指标：每日死亡率、发病率、生产性能、受伤率、恐惧行为。

5）营养应遵循以下原则。

饲喂的日粮应始终与肉鸡发育阶段和遗传性状相适应，含有足够的营养物质，以满足其健康和福利的要求。

饲料和饮水质量满足肉鸡要求，污染物浓度不会危害肉鸡健康。

应定期清洁供水系统，以防止有害微生物的生长。

应确保肉鸡每天都有足够的机会获得饲料，并持续提供饮水。应作出特别规定，使雏鸡能够获得适当的饲料和饮水。

当肉鸡因健康原因无法采食饲料或饮水时，应尽快进行人道扑杀。

基于结果的可测量指标：饲料和饮水消耗量、生产性能、行为、步态、发病率、疾病、代谢紊乱、寄生虫感染、死亡率、受伤率。

6）地面、垫料、休息区表面和垫料质量应遵循以下原则。

鸡舍地面必须容易清洗和消毒。

可提供松散和干燥的垫料，以使雏鸡不接触地面，并促进其尘浴和觅食。

应管理好垫料，设法减少垫料对肉鸡福利和健康的不利影响。垫料质量差会导致接触性皮炎和胸囊肿。需要时，应更换或充分处理垫料，以防止下一批鸡群感染疾病。

垫料的质量与垫料类别有关，也与饲养管理有关。应谨慎选择垫料类型。应保持垫料干燥，易碎，且灰尘少、不结块或不潮湿。垫料质量差可能由一系列因素导致，包括饮水溢出、饲料成分不当、肠道感染、通风不良和过度拥挤。

在气候非常潮湿的地方，如果采用板条地面饲养肉鸡，则不能使用其他地面垫料。设计、建造和维护地面，应考虑有足够的支撑承重能力，防止肉鸡受伤，并确保粪便可以落下或被清除。

为防止肉鸡受伤和保持温暖，新生雏鸡应放在适合它们大小的地面上饲养。

如果用垫料饲养新生雏鸡，则需要在新生雏鸡入舍前，在地面上铺上一层没受污染并经过处理的垫料，如木屑、秸秆、稻壳、碎纸等，铺设的厚度应足以使雏鸡能表达正常的行为，并与地面分开。

基于结果的可测量指标：接触性皮炎，羽毛状况，步态，行为（尘浴和觅食），眼部状况，疾病发生率，代谢紊乱和寄生虫感染，生产性能。

7）防止啄羽和同类相残应遵循以下原则。

啄羽和同类相残在日龄小的肉仔鸡很少见。可通过适当的管理方法解决啄羽和同类相残的问题，如降低光照强度、提供觅食材料、调整日粮营养、减少饲养密度、选择合适的遗传种群。

如果以上管理方法无效，治疗性去喙是最后采取的方法。

基于结果的可测量指标：受伤率、行为、羽毛状况、死亡率。

8）饲养密度应遵循以下原则。

肉鸡饲养密度应合适，保证所有肉鸡都能获得饲料和饮水，并能正常移动和调整姿势。应考虑以下因素：管理能力、环境条件、舍饲系统、生产系统、垫料质量、通风、生物安全、遗传种群、上市日龄和体重。

基于结果的可测量指标：受伤率、接触性皮炎、死亡率、行为、步态、疾病发生率、代谢紊乱和寄生虫感染、生产性能、羽毛状况。

9）舍外区域应遵循以下原则。

如果肉鸡有足够的羽毛覆盖，并达到可以安全放养的年龄，就可以让它们进入舍外区域。鸡舍进出口应足够大，使肉鸡能够自由进出。

舍外区域的管理对半密闭饲养和完全舍外饲养系统是非常重要的。应采取地面和放养区管理措施来减少肉鸡被病原体或寄生虫感染的风险。措施可能包括限制饲养密度或在不同舍外区域进行轮换饲养。

舍外区域应选择排水良好的地块，并对其进行管理，尽量减少沼泽和泥泞。

舍外区域应为肉鸡提供庇护所，且没有有毒植物和污染物。

在完全舍外饲养系统中应为肉鸡提供保护，免受不利气候条件的影响。

基于结果的可测量指标：行为、疾病发生率、代谢紊乱和寄生虫感染、生产性能、接触性皮炎、羽毛状态、受伤率、死亡率、发病率。

10）保护肉鸡免受天敌伤害应遵循以下原则。

肉鸡饲养应注意防范天敌。

基于结果的可测量指标：恐惧行为、死亡率、受伤率。

11）肉鸡品系的选择应遵循以下原则。

为特定地点或生产系统选择肉鸡品系时，福利和健康方面的考虑应平衡生产力和增长率的任何决定。

基于结果的可测量指标：步态、代谢紊乱、接触性皮炎、死亡率、行为、生产性能。

12）痛苦的干预应遵循以下原则。

不应对肉鸡实施如断喙、修剪鸡爪等常规痛苦干预实践。

如果需要进行治疗而修喙，应在尽可能小的日龄由受过训练的操作人员实施，并应注意使用一种能最大限度减少疼痛和控制出血的方法，将所需修喙的肉鸡数量降到最低。

在没有充分的疼痛和感染控制方法的情况下，不应进行外科手术。必要时，只能由兽医或经过培训的熟练人员在兽医监督下进行。

基于结果的可测量指标：死亡率、淘汰率、发病率和行为。

13）处理和检查应遵循以下原则。

应每天对肉鸡进行检查。检查应有3个主要目的：识别患病或受伤的肉鸡，并治疗或淘汰它们；发现并纠正鸡群中的任何福利或健康问题；处理死鸡。

检查时应避免对肉鸡造成不必要的干扰，例如，动物饲养员应安静、缓慢地在鸡群中移动。

在处理肉鸡时，不应让它们受伤或受到不必要的惊吓或应激。

受到重大伤病而无法治愈的肉鸡，应尽快从鸡群中移除，并按照 WOAH《陆生动物卫生法典》第 7.6 章实施人道扑杀。

颈椎脱位是一种宰杀单只肉鸡可接受的方法，前提是完全按照第 7.6.17 条款的要求进行操作。

基于结果的可测量指标：行为、生产性能、受伤率、死亡率、发病率、噪声。

14）人员培训应遵循以下原则。

所有负责肉鸡的人员都应接受适当的培训，或能够证明他们具有履行职责的能力，并应充分了解肉鸡的行为、处理技术、紧急扑杀程序、生物安全、疾病的一般迹象、不良动物福利表现及其缓解措施方面的知识。

基于结果的可测量指标：所有测量指标都可以适用。

15）应急预案应遵循以下原则。

肉鸡生产商应制订应急计划，尽量减少和减轻自然灾害、疾病暴发和机械设备故障的负面影响。应急计划可包括提供检测故障的安全报警装置、备用发电机、维修商的联系方式、备用的加热或降温措施、养殖场储水能力、水车服务联系方式、养殖场内储存充分的饲料和备用饲料供应以及紧急通风管理的计划。

应急预案应与国家和兽医服务机构制定或建议的方案一致。人道扑杀程序应是应急计划的一部分。

16）养殖场的选址、建设和设备应遵循以下原则。

肉鸡养殖场的选址应在实际可行的范围内尽量避免火灾、洪水和其他自然灾害的影响。此外，养殖场的选址应避免或尽量减少生物安全风险，避免肉鸡暴露于化学和物理污染物、噪声和不利的气候条件中。

设计和维护肉鸡舍、舍外区域和肉鸡能接触到的设备，应避免对肉鸡造成伤害或痛苦。

建造鸡舍以及安装电气和燃料装置应最大限度地减少火灾和其他

危险。

肉鸡生产商应制订所有设备的维护计划，避免设备故障危及肉鸡的福利。

17）出栏问题应遵循以下原则。

在预期的屠宰时间之前，应避免肉鸡长时间无法获得饲料。在出栏之前应提供水。

肉鸡由于患病或受伤不适合装载或运输时，应实行人道扑杀。

应由熟练的动物操作员捕捉，并努力将应激和恐惧反应以及伤害降至最低。如果肉鸡在捕捉过程中受伤，应实行人道扑杀。

捕捉肉鸡时不要抓翅膀或颈部。

应小心地将肉鸡放置在运输箱中。

设计、操作和维护机械捕捉器应尽量减少对肉鸡的伤害、应激和恐惧。建议制订应急计划，减少机械故障带来的负面影响。

捕捉工作最好在暗光或蓝光下进行，以使肉鸡平静。

安排时，应尽量减少捕捉至屠宰的时间以及捕捉、运输和待宰阶段的天气应激。

运输箱中运输密度要适应气候条件，并保持舒适。

设计和维护运输箱应避免对肉鸡造成伤害，并应清洗和定期消毒（必要时）这些运输箱。

基于结果的可测量指标：行为、噪声、受伤率、出栏和到达屠宰场时的死亡率。

6.5 WOAH《陆生动物卫生法典》——动物福利与奶牛生产系统

6.5 由笔者根据 WOAH《陆生动物卫生法典》第 7 部分《动物福利》（第 31 版，2023）的英文原版翻译而成。

第7.11章 动物福利与奶牛生产系统

第7.11.1条 定义

奶牛生产系统是指所有用于生产牛奶的商品牛生产系统，包括繁殖、饲养和管理的部分或全部环节。

第7.11.2条 范围

本章涉及奶牛生产系统的福利问题。

第7.11.3条 商业奶牛生产系统

商业生产中的奶牛可以饲养在圈养或放牧系统中，或二者结合饲养。

1 圈养系统

将牛饲养在舍内或舍外的固定场所，完全依赖人类来提供动物的基本所需，如饲料、牛舍和饮水。牛舍的类型与环境、气候条件和管理制度有关。在这种饲养方式中，牛可以自由散养，也可以拴系饲养。

2 放牧系统

牛生活在舍外，可相对自由地采食、饮水和进出庇护棚。除挤奶需要的棚舍外，不需其他棚舍。

3 混养系统

将圈养和放牧相结合，并根据天气或牛的生理状态，同时或交替采用这两种饲养方式。

第7.11.4条 奶牛福利指标（或可测量指标）

以下指标可作为有效评估动物福利的指标，还应考虑到饲养场所的设计和动物管理。这些指标的使用及其适当的阈值应适应管理奶牛的不同情况。可通过这些可测量指标随时监测饲养环境和动物管理情况。

1 行为

某些行为可能表明存在动物福利问题。这些行为包括采食量减少、行为和姿势改变、躺卧时间改变、呼吸和喘息频率改变、咳嗽、发抖和蜷缩、过度梳理毛发以及表现刻板、兴奋、抑郁或其他异常行为。

2 发病率

发病率，包括传染病和代谢性疾病、跛行、围产期和手术后并发症的发生率以及受伤率，超过公认的阈值时，可作为整个牛群福利状况的直接或间接指标。了解疾病或综合征的病因，对发现潜在的动物福利问题非常重要。乳房炎以及蹄部、生殖和代谢疾病也是成年奶牛重要的健康问题。评分系统，如体况、跛行和牛奶质量，可以提供额外的疾病信息。

临床检查和病理检验都可作为疾病、损伤和其他可能危及动物福利的问题的指标。

3 死亡率和淘汰率

死亡率和淘汰率都会影响牛的生产寿命，与发病率一样，均可以作为动物福利状况的直接或间接指标。根据生产系统，可以通过分析死亡、淘汰及其发生的时空模式估计死亡率和淘汰率。应定期记录死亡、淘汰及其原因，例如按每天、每月、每年或参照生产周期内的关键活动记录。

尸体解剖有助于确定死亡原因。

4 体重、体况和产奶量的变化

生长期的动物体重变化超出预期的增长速度，特别是体重突然过度下降，是动物健康或福利不佳的指标。后备母牛以后的产奶量和繁殖力，都会受到不同饲养阶段营养不足或营养过剩的影响。

泌乳奶牛体况超出可接受的范围，体重显著变化，产奶量显著下降，可能是福利受损的指标。

非泌乳奶牛和公牛体况超出可接受范围，体重显著变化，可能是福利受损的指标。

5 繁殖效率

繁殖效率可以作为动物健康和动物福利状况的一个指标。与特定品种的预期目标相比，繁殖性能差可以表明动物存在福利问题，例如：

不发情或产后间情期延长；

受孕率低；

流产率高；

难产率高；

胎盘滞留；

子宫炎；

种公牛丧失繁殖能力。

6 体貌

体貌可能是动物健康和动物福利的指标，也是管理方式的指标。可能表明福利受到损害的体貌包括：

存在外寄生虫；

毛色、质地不正常或脱毛；

过度沾染粪便、泥土或污渍（清洁度）；

肿胀、受伤或病变；

沾染分泌物（如来自鼻子、眼睛、生殖道）；

蹄部异常；

姿势异常，如脊柱后凸、低头；

消瘦或脱水。

7 处理反应

处理不当会导致牛恐惧和痛苦。指标包括：

人与动物关系不良，如逃避距离过大；

挤奶时的负面行为，如不愿意进入挤奶厅、踢腿、哞叫等；

动物撞击保定装置或大门；

在处理过程中受到伤害，如挫伤、撕裂伤、断角或断尾和断腿等；

动物在保定和处理过程中出现异常或过度的哞叫；

在坡道或通道中出现焦虑行为，如反复不愿进入；

动物滑倒或摔伤。

8 常规手术并发症

为了提高动物性能或治疗疾病（如皱胃移位），促进管理，改善人类安全和动物福利（如去角、修蹄），通常对奶牛进行外科和非外科手术。然而，如果这些手术执行不当，动物福利就会受到影响。这类问题的指标可能包括：

术后感染、肿胀和疼痛；

饲料和饮水摄入量降低；

手术后体况下降和体重减轻；

患病和死亡。

第 7.11.5 条 建议

奶牛的良好福利取决于几个管理因素，包括系统设计、环境管理和动物管理，这需要负责任地饲养，并提供适当的照顾。如果缺乏这些因素中的一个或多个，任何饲养系统都会出现严重问题。

第 7.11.6 条和第 7.11.7 条对适用于奶牛的措施提出了建议。

每项建议都包括一份根据第 7.11.4 条衍生出的基于结果的可测量指标清单。这并不排除在适当情况下使用其他指标。

第 7.11.6 条 饲养系统设计和管理的建议，包括物理环境

在规划新设施或改造现有设施时，应征求有关动物福利和健康的专业设计建议。

许多环境因素都会影响奶牛的福利和健康，包括热环境、空气质量、照明、噪声等。

1 热环境

尽管牛能够适应各种热环境，特别是预期条件下使用合适的品种时，但当天气突然变化时，会导致牛产生热应激或冷应激。

1）热应激应遵循以下原则。

牛的热应激风险受环境因素的影响，包括空气温度、相对湿度、风速、饲养密度（每头动物可用的面积和空间）、可用遮阴面积、动物因素（包括品种、年龄、体况、代谢率和泌乳阶段、毛色和密度）。

动物管理人员应注意热应激对牛的影响,以及可能需要采取措施的温度和湿度阈值范围。随着环境条件的变化,应适当改变移动牛群的日常活动。当牛的热应激较严重时,动物管理人员应采取紧急行动,例如提供额外的饮水、提供遮阴处、风扇、降低饲养密度,以及提供适合当地条件的降温系统。

基于结果的可测量指标:采食量及饮水量、行为(特别是呼吸频率和喘息)、体貌(特别是脱水)、发病率、死亡率、产奶量变化。

2)冷应激应遵循以下原则。

当极端低温天气条件可能对牛的福利造成严重风险时,应提供措施,保护牛免受极端寒冷天气的影响,特别是新生牛和犊牛以及其他生理受损的牛。可以给它们额外增加垫料,提供自然或人造的庇护场所。

在极端寒冷的天气条件下,动物管理人员应制订应急计划,为牛群提供庇护场所、充足的饲料和饮水。

基于结果的可测量指标:死亡率和发病率、体貌、行为(特别是异常姿势、颤抖和蜷缩)、生长率、体况、体重下降。

2 光照

如果舍内饲养的牛无法获得足够的自然光,应提供补充照明,并遵循自然光周期,从而保证牛的健康和福利状况,满足自然行为需要,并方便进行充分和安全的检查。但照明不能造成牛的不适。应为舍内饲养的奶牛提供柔和的夜间照明。保定设施的出入口及其周围区域应有良好的照明。

基于结果的可测量指标:行为(特别是运动行为的改变)、发病率、体貌。

3 空气质量

良好的空气质量和通风对牛的健康和福利非常重要,可以减少呼吸道不适和疾病的风险。空气质量受气体、灰尘和微生物等空气成分的影响,并受舍内饲养系统的管理和建筑设计的强烈影响。空气组成受饲养密度、牛的大小、地面、垫料、废弃物管理、建筑设计和通风系统的影响。

适当的通风对于促进牛体表散热、防止排放气体(例如氨气和硫化氢，包括产自舍内饲养单元的粪便）和灰尘的聚积非常重要。封闭牛舍内氨气含量不应超过 25 毫克/升。一个有用的指标是，如果空气质量对人造成不适，也可能对牛造成不适。

相关可测量指标：发病率、死亡率、行为（特别是呼吸频率或喘息）、咳嗽、体重和体况变化、生长率、体貌（特别是被毛潮湿）。

4 噪声

牛能适应不同程度和类型的噪声，但应尽可能避免牛听到突然或意外的噪声，包括来自管理人员产生的噪声，以防止应激和恐惧反应。通风扇、警报器、饲喂器或其他舍内或舍外设备的建造、放置、操作和维护方式应尽量减少噪声。

基于结果的可测量指标：行为（特别是焦虑不安和紧张）、产奶量变化。

5 地面、卧床、休息区和户外区域

在所有的生产系统中，牛都需要一个排水良好和舒适的休息区。所有牛都应有充足的休息空间，并能够同时躺下休息。

应特别注意产犊区的环境（如地面、垫料、温度、产犊圈栏和卫生），应适合犊牛生产，并确保新生犊牛的福利。

在舍内饲养系统中，应彻底清洁产犊区，并在每次产犊之间提供干净垫料。用于群养的产犊圈栏应根据全进全出制度进行管理。每组母牛转入前，都应彻底清理群养产犊圈栏，并提供干净的垫料。应尽量减少饲养在产犊圈栏中的同一组母牛最先和最后产犊之间的时间间隔。

应选择舍外产犊圈栏和产犊场地，为母牛提供清洁舒适的环境。

舍内生产系统的地面管理对牛的福利有显著影响。不应将有损奶牛福利和不适合休息的区域（如粪便堆积过多的地方或潮湿的卧床）作为供牛躺下的区域。

圈栏应有一定的坡度，使水能够顺着料槽，也不会造成积水。

应根据实际情况清洁地面、卧床、休息区表面和舍外场所，以确保良好的卫生、舒适度，并将疾病和受伤的风险降至最低。

在放牧系统中，应在不同草地之间轮牧，以确保良好的卫生，并将疾病和受伤的风险降至最低。

应为饲养在混凝土地面的所有动物提供垫料。在稻草、沙子或其他垫料系统（如橡胶垫、碎橡胶填充垫或水床）中，垫料应适合（如卫生、无毒），并进行维护，为牛提供清洁、干燥、舒适的躺卧区。

站立区、隔间或自由卧栏的设计应使动物能够舒适地站立和躺卧在实地面上（长度、宽度、高度符合最大动物的尺寸）。应有足够的空间，使牛能以正常的姿势休息和站起，在站立时能自由移动头部，并能轻易地自我梳理。如果牛舍设计只为奶牛提供单独的休息空间，则应保证每头奶牛都至少有一个这样的休息空间。

过道和门的设计和操作应允许牛自由移动。地面的设计应尽量减少牛滑倒和跌倒，促进蹄部健康，并减少蹄部受伤风险。

如果舍饲系统有漏缝地面，应为牛（包括后备牛）提供实地面的躺卧区。漏缝地面的板条和缝隙的宽度应适合牛蹄大小，以防受伤。

如果必须拴系饲养，无论在舍内还是在舍外，应确保牛至少能够躺下、站起，保持正常的身体姿势，并容易梳理自己。饲养在舍内牛栏中的奶牛应能够充分进行不受束缚的运动，以防止出现福利问题。当拴养在舍外时，应让牛能够走动。动物管理人员应意识到拴系饲养的牛出现福利问题的风险更高。

应注意舍饲系统中的种公牛，确保它们能看到其他牛，并有足够的休息和运动空间。如果用于自然交配，不得使用漏缝地面或打滑的地面。

基于结果的可测量指标：发病率（特别是跛行和受伤，如跗关节和膝关节受伤以及皮肤损伤）、行为（如运动和姿势改变、躺卧时间改变、梳理毛发和不使用预设的卧床区域）、体重和体况变化、体貌（如脱毛、清洁度评分）、生长率。

6 选址、建筑和设备

在建设牛场时，应评估当地气候和地理因素对奶牛的影响。应努力减轻这些因素带来的负面影响，包括将奶牛品种与牛场选址相匹配，并考虑备用地址。

奶牛场所有设施的建造、维护和运行都应尽量减少对牛福利的影响。

在放牧及混合饲养系统中，应在挤奶区和草地之间设计坡道和通道，以尽量减少总的行走距离。坡道和通道的建造和维护，包括道路表面，应尽量减少对牛群福利的影响，特别是蹄部健康问题。

挤奶、搬运和保定奶牛的设备，其构造和使用方式应尽量减少奶牛受伤、疼痛或痛苦的风险。此类设备的制造商在设计设备和编写操作说明时应考虑动物福利。

如果设计、使用和维护不当，控制动物行为的电气化设备（如奶牛训练器）可能会造成福利问题。

带电的栅栏和出入口应设计合理，维护得当，以避免出现福利问题，并且只能按照制造商的说明使用。

如果可以进入舍外区域，包括牧场，奶牛就会有机会吃草和运动，这可能会给奶牛带来额外的好处，尤其是降低跛行的风险。

在所有的饲养系统中，饲料和饮水的供应应让所有牛获得饲料和饮水。饲喂系统的设计应尽量减少动物争斗行为。饲喂器和饮水器应易于清洁，并适当维护。

应定期维护挤奶厅、自由卧栏、站立区、隔间、通道、坡道和围栏，不得有尖锐的边缘和突出物，以防止对牛造成伤害。

牛场应具备可以靠近检查个体动物的隔离区，并有保定设施。

必要时，患病和受伤的动物都应远离健康动物。当为此提供一个专门场所时，应满足动物的所有需要，例如，躺卧的动物可能需要额外的垫料或改变躺卧地面类型。

液压、气动和手动设备应根据要处理的牛的大小酌情调整。液压和气动操作的保定设备应有压力限制装置，以防止牛受伤。定期清洁和维护工作部件对于确保设备正常运作和牛群安全至关重要。

机械和电气装置对牛来说应是安全的。

用于控制体外寄生虫的浸泡池和喷洒通道的设计和操作，应尽量减少拥挤，防止牛受伤和溺水。

待挤区（包括挤奶厅的入口）的设计和操作应尽量减少牛应激，防止受伤和跛行。

装载区和坡道，包括坡道的坡度，应按照WOAH《陆生动物卫生法典》第7.2章、第7.3章和第7.4章的规定，将动物的应激和伤害降到最低，并确保动物管理人员的安全。

基于结果的可测量指标：处理反应、发病率（特别是跛行）、死亡率、行为（特别是运动行为改变）、受伤率、体重和体况变化、体貌、生长率。

7 应急计划

电力、饮水和饲料供应系统的故障可能危及动物福利。牛场管理人员应制订应急计划，以应对这些系统的故障。这些计划可包括提供检测故障的故障安全警报、备用发电机、主要服务提供商的联系信息、牛场储存水的能力、水车服务联系信息、牛场充分的饲料储备和饲料供应的替代方式，以及根据第7.6章紧急扑杀动物的方案。

紧急情况的预防措施应重在投入，而不是重在结果。应急计划应包括疏散计划，记录在案，并传达给所有责任方。应定期检查警报器和备用系统。

第7.11.7条 关于动物管理实践的建议

良好的动物管理实践是提高动物福利水平的关键因素。管理和照料奶牛的人员应具备相关经验或接受过培训，使其具备必要的实用技能和奶牛行为、操作处理、健康、生物安全、生理需要和福利方面的知识。应有足够数量的动物管理人员，以确保牛的健康和福利。

1 生物安全和动物健康

1）生物安全和疾病预防应遵循以下原则。

生物安全计划的设计、实施和维护应与尽可能最佳的牛群健康状况、可用资源和基础设施以及当前的疾病风险相适应。对于WOAH列入名录的疫病，应按照《陆生动物卫生法典》中的相关建议进行管理。

这些生物安全计划应涉及控制病原体的主要来源和传播途径：

牛，包括引进的牛群；

不同来源的犊牛；

其他家畜、野生动物和害虫；

人，包括其卫生习惯；

设备、工具和设施；

运输工具；

空气；

水、饲料和垫料；

粪便、废弃物和尸体处理；

精液和胚胎。

基于结果的可测量指标：发病率、死亡率、繁殖效率、体重和体况变化、产奶量变化。

2）动物健康管理应遵循以下原则。

动物健康管理应优化牛群的身体和行为健康及福利。它包括预防、治疗和控制疾病以及牛群健康问题（特别是乳房炎、跛行、生殖和代谢疾病）。

应酌情与兽医协商，制订有效的预防和治疗疾病和牛群健康问题的方案。该方案应包括记录生产数据（如泌奶牛头数、分娩、转群、产奶量）、发病情况、死亡情况、淘汰率和药物治疗情况。动物管理人员应及时更新这些记录。定期监测这些记录有助于管理，并迅速发现需要干预的问题领域。

应酌情实施寄生虫（如内寄生虫、外寄生虫和原生动物）监测、控制和治疗方案。

跛行是奶牛养殖中一个重要问题。动物管理人员应监测牛蹄的状态，并采取措施防止跛行，维持蹄部健康。

负责照料牛的人应注意疾病或痛苦的早期特定迹象，如咳嗽、眼部分泌物、奶牛外观变化、运动行为变化，以及非特定迹象，如采食量和饮水量降低、产奶量下降、体重和体况变化、行为变化或体貌异常。

处于较高疾病或痛苦风险的牛，需要动物管理人员更频繁地检查。如果动物管理人员怀疑动物患病，或无法纠正健康或痛苦的原因，他们应向受到培训和有经验的人寻求建议，例如酌情向兽医或其他有资质的顾问咨询。

应在兽医或其他专家建议的基础上，由熟练操作相应程序的兽医或其他人员对牛进行疫苗接种和其他治疗，并注意动物福利。

动物管理人员应具备识别和适当处理患有慢性病的牛或受伤牛的能力，例如识别和处理不能行动的牛，特别是最近产犊的牛，应酌情向兽医寻求建议。

无行动能力的牛应能够随时获得饮水，并至少每天提供一次饲料，并在必要时挤奶。应为它们提供遮阴处，并保护它们免受天敌的侵害。除非为了诊断和治疗绝对必要，否则不应运输或移动它们。应小心移动它们，避免拖拽动物或以可能加剧伤害的方式抬起动物。

如 WOAH《陆生动物卫生法典》第 7.3 章所述，动物管理人员还应具备评估动物适运性的能力。

患病或受伤的牛，如果治疗失败或不能恢复时（例如，牛无法独自站立、拒绝采食或饮水），应按照 WOAH《陆生动物卫生法典》第 7.6 章尽快人道扑杀。

应为患有光敏症的动物提供遮阴处，并在可能的情况下查明病因。

基于结果的可测量指标：发病率、死亡率、繁殖效率、抑郁行为、运动行为改变、体貌、体重和体况变化、产奶量变化。

3）疾病暴发应急计划应遵循以下原则。

应急计划应包括牧场在面对紧急疾病暴发时的管理，并与国家计划和兽医服务机构的建议相一致。

2 营养

奶牛的营养需要已经明确。日粮能量、蛋白质、矿物质和维生素含量是决定产奶量和生长、饲料转换率、繁殖效率和体况的主要因素。

应向牛提供适当数量和质量的均衡营养，以满足其生理需要。

当牛群在舍外放养时,有时可能短期处在极端天气环境下,无法获得满足其生理需要的营养,动物管理人员应确保这种情况持续的时间不会太长,如果福利受到影响,应提供额外的饲料和饮水。

动物管理人员应充分了解适当的体况评分系统,并且不应让牛体况超出品种和生理状态可接受的范围。

饲料和饲料原料应具有令人满意的质量,以满足营养需要,并在储存时尽量减少污染和变质。在适当的情况下,应检查饲料和饲料原料中是否存在对动物健康产生不利影响的物质。对动物饲料的控制和监测,应根据第6.4章相关建议实施。

随着日粮中谷物比例增加,或者青贮饲料的质量差,牛消化不良的风险也会增加。应逐步添加谷物或新日粮,并应随时提供可口的纤维饲料,如青贮饲料、青草和干草,以促进消化和确保正常瘤胃功能,并满足代谢需要。

动物管理人员应了解牛的体型和年龄、天气、日粮成分和日粮成分的突然变化对消化不良及其负面后果的影响(皱胃移位、亚急性瘤胃酸中毒、胀气、肝脓肿、蹄叶炎)。在适当的情况下,牛场管理人员可咨询牛营养学专家,以获取日粮配方和饲喂计划的建议。

应特别注意牛妊娠最后一个月的营养问题,包括能量平衡、粗饲料和微量元素,尽量减少产犊、产犊后疾病以及体况下降。

液态奶(或代乳品)对犊牛的健康成长和福利至关重要。然而,在4～6周龄后,将液态饲料作为唯一的营养来源饲喂犊牛,会限制瘤胃的生理发育。两周龄以上的犊牛应有足够的纤维饲料和开食料,以促进瘤胃发育,减少异常的口部行为。

牛场管理人员应熟悉各自地理区域内生产系统的潜在微量营养素缺乏或过剩情况,并在必要时使用适当配制的日粮补充剂。

所有的牛,包括未断奶的犊牛,都需要充足且可口的饮水,以满足其生理需要,并且不含对牛健康有害的污染物。

基于结果的可测量指标:死亡率、发病率、行为(特别是在饲喂区的争斗行为）、体重和体况变化、繁殖效率、产奶量变化、生长率、喊叫。

3 社会环境

牛的管理应考虑其社会环境，因为它与动物福利有关，特别是圈养系统。牛的社会环境问题包括争斗和发情活动、小母牛和母牛的混群、在同一围栏饲养不同体型和年龄的牛、饲养空间少、饲喂空间不足、饮水通道不足以及公牛混群。

在所有类型饲养系统中，对牛的管理都应考虑到牛在群体中的社会互动关系。动物管理人员应了解不同群体内形成的优势等级，并关注受伤风险较高的动物，如生病或受伤、非常年幼、非常年长、群体较小或较大的动物，以发现争斗和过度爬跨行为的牛。动物管理人员应了解动物之间争斗增加的风险，特别是在混群之后。

当其他措施失败时，应将表现出过度争斗活动或过度爬跨行为的牛从群体中移除。

动物管理人员应注意不适当的混群可能造成的动物福利问题，并充分采取措施将这些问题降到最低（如在新群中引入小母牛；在不同生产阶段，将不同日粮需要的动物混群）。

有角和无角的牛不应混养，因为有受伤的风险。

基于结果的可测量指标：行为（特别是躺卧时间、身体损伤和病变）、体重和体况变化、体貌（如清洁度）、跛行评分、产奶量变化、发病率、死亡率、生长率、哞叫。

4 空间占有量

所有类型生产系统中的牛都应有足够的空间，使其舒适，并表达社会行为。

不足和不适当的空间可能会增加受伤的发生率，并对生长率、饲料转化效率以及运动、休息、采食和饮水等行为产生不利影响。

在管理空间占有量时，应考虑到躺卧、站立和采食的不同区域。过度拥挤会对牛的正常行为和躺卧时间产生不利影响。

牛舍空间应保证所有牛都能同时休息，每头牛都能躺下、站起和自由移动。对于生长动物，也应管理好空间，确保不会因为拥挤而导致生长缓慢。如果发现有异常行为，应采取措施缓解，如增加空间占有量，重新规划用于躺卧、站立和采食的区域。

在牧场，放养密度应取决于可用的饲料、水供应以及牧草质量。

基于结果的可测量指标：行为（特别是焦虑不安或抑郁行为）、发病率、死亡率、体重和体况变化、体貌、产奶量变化、寄生虫负荷、生长率。

5 保护免受天敌侵害

保护牛不受天敌的侵害。

基于结果的可测量指标：死亡率、发病率（受伤率）、行为、体貌。

6 遗传选择

在为特定地区或生产系统选择品种或亚种时，除生产力外，还应考虑到福利和健康因素。

实施育种计划时，应以有利于改善牛的福利（包括健康）为标准。应鼓励保护和发展能限制或减少动物福利问题的奶牛遗传系，例如选育性状包括营养维持要求、抗病性和耐热性。

应选择一个品种内的优良个体动物来繁殖后代，使这些后代表现出有利于动物健康和福利的性状。这些性状包括对传染病和与生产相关疾病的抵抗力、易产性状、繁殖性能、身体结构和活动能力以及性情。

基于结果的可测量指标：发病率、死亡率、生产寿命、行为、外貌、繁殖效率、跛行、人与动物的关系、生长率、超出可接受范围的体况。

7 人工授精、妊娠诊断和胚胎移植

根据第 4.7 章的规定，应由经验丰富的操作人员进行精液采集，其方式不得对公牛和采集过程中使用的任何挑逗性动物造成痛苦或伤害。

人工授精和妊娠诊断应由称职的操作人员以不引起疼痛或痛苦的方式实施。

胚胎移植应在硬膜外麻醉或其他麻醉下由受过培训的操作人员实施，最好由兽医或兽医辅助人员操作，并符合WOAH《陆生动物卫生法典》第4.8章和第4.9章的规定。

基于结果的可测量指标：行为、发病率、繁殖效率。

8 母系和父系选择以及产犊管理

难产是奶牛的一种福利风险。应在小母牛身体发育足够成熟后进行配种，以确保母牛和犊牛出生时的健康和福利。父系对犊牛的大小有高度可遗传的影响，因此对产犊的难易程度产生重大影响。胚胎移植、人工授精或自然交配的父系选择，应考虑到母牛的发育成熟度和体型。

应管理怀孕期间的母牛和小母牛，使其体况控制在该品种的适宜范围内。过度肥胖会增加妊娠后期难产或产后代谢紊乱的风险。

应监测接近产犊的母牛和小母牛。观察到产犊困难的动物，在发现后应尽快由合格的操作人员协助。当需要剖腹产时，必须由兽医实施。

基于结果的可测量指标：发病率、死亡率（母牛和犊牛）、繁殖效率（特别是难产率、胎盘滞留发生率和子宫炎发生率）、体况。

9 新产犊牛

不应使用助产器来加速分娩过程，只应在发生难产的情况下才能使用，而且不应造成不必要的疼痛、痛苦或进一步的治疗问题。

新生犊牛容易出现体温过低，因此分娩区的温度和通风应考虑新生犊牛的需要。柔软、干燥的垫料和补充热源可以防止新生犊牛发生冷应激。

摄入牛初乳的数量和质量，以及犊牛出生后获得牛初乳的时间，决定着犊牛的免疫力。

动物管理人员应确保犊牛在出生后 24 小时内获得质量合格且数量充足的牛初乳，以使其获得被动免疫。最好是在出生后前 6 小时内获得牛初乳。如果母牛患有疾病，则有可能通过初乳传播疾病，应使用健康母牛的初乳。

在脐部愈合前，不应运输刚出生的犊牛，在此之后，任何运输都应按照第 7.3 章的规定实施。

新生犊牛的处理和移动方式应尽量减少其痛苦，避免其疼痛和伤害。

基于结果的可测量指标：体貌、死亡率、发病率、生长率。

10 母牛与犊牛的分离和断奶

在奶牛生产系统中，可采用不同的策略将犊牛与母牛分离。其中包括早期分离（通常在出生后 48 小时内）或逐渐分离（将犊牛留在母牛身边较长时间，以便它能继续吮乳）。分离对母牛和犊牛来说都是一种应激。

本章所指断奶是指从以牛奶为主的日粮转变为以纤维为主的日粮，且断奶后的犊牛日粮中不再提供牛奶。断奶应逐步进行，只有当犊牛的消化系统已充分发育，能够保持生长、健康和良好的福利时，才应断奶。

奶牛生产者应就其奶牛类型和生产系统的最合适断奶时间和方法，征求专家意见。

基于结果的可测量指标：发病率、死亡率、分离后的行为（哞叫、奶牛和犊牛的活动）、体貌、体重和体况变化、生长率。

11 后备牛饲养

年幼犊牛特别容易受到热应激的影响。应特别注意热环境的管理（如提供额外的垫料、营养或保护，以保持温暖和适当的生长）。

单独饲养犊牛可能有助于监测犊牛的健康状况，并将疾病传播的风险降至最低，但随后应将后备牛群分群饲养。同一牛群的牛应具有相似的年龄和体型。

不管是单独饲养还是成群饲养，每头犊牛都应有足够的空间，能够舒适地转身、休息、站立和梳理，并能看到其他牛。

应监测后备牛互相吸吮情况，并采取适当措施防止互相吸吮的发生（如提供吸吮装置、改进饲喂方法、提高环境丰富度）。

应特别注意生长期后备牛的营养，包括微量元素，以确保良好的健康状况，并确保它们获得适合该品种和养殖目标的生长曲线。

基于结果的可测量指标：发病率、死亡率、行为（特别是相互吸吮、改变梳理和躺卧行为）、伤害、体貌、体重和体况变化、生长率。

12 挤奶管理

无论是人工还是机器挤奶，都应以平静和舒适的方式进行，避免产生疼痛和痛苦。应特别注意操作人员、奶牛乳房和挤奶设备的卫生。每次挤奶时都应检查挤出的牛奶是否异常。

挤奶设备（包括自动挤奶系统）的使用和维护，应尽量减少对乳头和乳房的伤害。挤奶设备制造商应提供考虑了动物福利的操作说明。

应根据泌乳阶段和挤奶系统容量，制定定期的挤奶流程。

动物管理人员应定期检查从挤奶系统获取的信息，并采取相应措施，保护奶牛福利。

应特别关注首次挤奶的牛，它们在分娩前应熟悉挤奶设施。

挤奶前后长时间的等待可能导致健康和福利问题（如跛行、采食时间减少）。应加强管理，确保将等待时间降至最低。

基于结果的可测量指标：发病率（如乳房健康、牛奶质量）、行为、产奶量变化、体貌（如病变）。

13 痛苦的常规手术

为了便于管理、提高动物福利和保证人类安全，会经常对牛进行一些疼痛的常规手术，但应尽可能减少动物的疼痛和应激。这些常规手术尽可能在动物幼年时进行，或在兽医的建议和监督下使用麻醉剂或镇痛剂。

为提高动物福利，可采取以下措施：停止这些常规手术，并通过优化管理解决当前的手术需求；培育不需要这些常规手术的牛；或用已被证明能提高动物福利的非手术方法取代当前的常规手术。

1）去角和去角芽应遵循以下原则。

为了减少动物受伤和牛皮伤害，提高人类安全，减少对设施的损害，方便运输和处理，通常对有角奶牛施行去角或去角芽手术。在实际生产中，建议选择饲养无角品种的牛，避免去角。

最好在幼龄时给牛去角，而不是对年长的牛去角。

建议由受过培训的操作人员使用适当的设备对角芽进行热烧灼，以减少术后疼痛。这应在牛角芽附着到头骨之前的适当年龄进行。

应向兽医或兽医辅助人员寻求指导，以确定适合牛的类型和生产体系的最佳去角方法与时间。强烈建议在去角芽时进行麻醉和止痛，并且在去角时始终进行麻醉。在去角芽或去角时，需要适当的保定设施和操作程序。

其他去角芽的方法包括：用刀切除角芽、使用化学贴烧灼角芽。在使用化学贴时，应特别注意，避免灼伤犊牛的其他部位或其他犊牛。不建议对 2 周龄以上的犊牛采用化学贴去角芽方法。

操作者应受过培训，能胜任所使用的方法，并能识别疼痛和并发症的迹象，包括过度出血或鼻窦感染。

在牛角已长出的情况下，通过切割或锯开靠近头骨的牛角基部来实现去角。

2）去尾应遵循以下原则。

去尾不会改善奶牛的健康和福利，因此不建议对奶牛去尾。在维护卫生存在困难的地方，应考虑修剪尾毛。

3）身份识别应遵循以下原则。

耳标、耳缺、刺纹标识、烙印和射频识别是永久识别奶牛的方法。无论选择哪种方法，都应采用侵入性最小的方法（如每只耳朵的耳标数量最少、切口最小）。应用适当的设备快速、专业地完成标识操作。

如果有其他识别方法（如电子识别或耳标），应避免使用冷冻烙印和热烙铁烙印。在使用烙印标识时，操作员应能胜任所用程序，并能识别出现并发症的迹象。

应根据第 4.2 章建立识别系统。

基于结果的可测量指标：发病率（手术后并发症）、异常行为、哞叫、体貌。

14 检查和处理

对奶牛的检查间隔应与生产系统以及牛的健康和福利所面临的风险相适应。对哺乳期奶牛，至少每天检查一次。对一些牛的检查应更频繁，例如新生犊牛、妊娠晚期奶牛、刚断奶犊牛、正在经历环境应激的牛以及经历过痛苦的常规手术或兽医治疗的牛。

诊断为患病或受伤的奶牛，应在第一时间由称职的动物管理人员给予适当治疗。如果动物管理人员无法提供适当的治疗，应寻求兽医的服务。

WOAH《陆生动物卫生法典》第 7.5 章也有关于处理牛的相关建议。特别应注意，只有在极端情况并确保动物能自由移动的前提下，才能使用可能导致疼痛和痛苦的驱赶工具（如电刺棒）。不应用工具刺激奶牛的敏感部位，包括乳房、面部、眼睛、鼻子或肛门生殖器区域。不得对犊牛使用电刺棒（另见第 7.3.8 条第 3 款电刺棒和其他辅助工具）。

经过适当训练的狗可以作为放牛的辅助工具，但狗的存在可能会导致牛应激或恐惧，所以动物管理人员应能够随时控制住它们。在舍饲系统、待挤区或牛不能自由移动的其他小围栏，不适合用狗作为辅助工具。

牛可以适应不同的视觉环境。然而，在可能的情况下，应尽量减少将牛暴露于突然移动或视觉有反差的环境中，以防止牛产生应激或恐惧反应。

不能使用电固定方法。

基于结果的可测量指标：处理反应、发病率、死亡率、行为（特别是运动行为改变和哞叫）。

15 人员培训

所有负责奶牛的人都应根据其职责具备相应的能力，并应了解牛的饲养、动物处理、挤奶流程、繁殖管理技术、行为、生物安全、疾病迹象、动物福利不佳的指标（如应激、疼痛和不适），以及如何缓解。

能力可以通过正式培训或实践经验获得。

基于结果的可测量指标：处理反应、发病率、死亡率、行为、繁殖效率、体重和体况变化、产奶量变化。

16 灾害管理

应制订计划，最大限度地减少和减轻灾害（如地震、火灾、干旱、洪水、暴风雪、飓风）带来的影响。这些计划可能包括疏散程序、识别高地、维持紧急用料和用水储存，必要时减少存栏、实施人道扑杀。

在干旱时期，应尽早做出动物管理决定，其中应包括减少牛的数量。

对患病或受伤的牛进行人道扑杀程序应是灾害管理计划的一部分。

关于应急计划，也可参见第 7.11.6 条第 7 款应急计划和第 7.11.7 条第 1 款生物安全和动物健康中的 3）。

17 人道扑杀

对患病和受伤的牛，应及时进行诊断，以确定进行治疗还是人道扑杀。

应由能胜任的人决定并执行动物的人道扑杀。人道扑杀的原因可能包括：

严重消瘦，虚弱、不能行走或有可能瘫痪；

无法站立走动、拒绝进食或饮水、对治疗没有反应；

治疗不成功，体况迅速恶化；

严重疼痛导致虚弱；

复合型（开放性）骨折；

脊髓损伤；

中枢神经系统疾病；

多发性关节炎并伴有长期体重下降；

犊牛早产和不可能存活、有先天性衰弱缺陷或其他多余的情况；

作为灾害管理政策的一部分。

关于人道扑杀奶牛的方法介绍，见第 7.6 章。

6.6 WOAH《陆生动物卫生法典》——动物福利与猪生产系统

6.6 由笔者根据 WOAH《陆生动物卫生法典》第 7 部分《动物福利》（第 31 版，2023）的英文原版翻译而成。

第 7.13 章 动物福利与猪生产系统

第 7.13.1 条 定义

"商品猪生产系统"是指经营目的包括以下部分或全部内容的系统：为生产和销售猪或猪肉而进行繁殖、饲养和管理。

在本章中，"管理"是在农场管理和动物管理人员层面定义的。农场管理层面，包括选择和培训动物管理人员在内的人力资源管理以及动物管理，例如饲养和管理的最佳实践以及福利协议和审计的实施，都对动物福利有影响。动物管理人员层面，需要有一系列完善的饲养技能和照顾动物的知识。

在本章中，"环境丰富化"是指增加动物环境的复杂性（如觅食机会、社交场所），以促进猪表达正常行为，提供认知刺激，减少异常行为。提供丰富化环境的目的是改善动物的身体和精神状态。

在本章中，"刻板行为"是一种由挫折感、反复应对尝试或中枢神经系统功能紊乱引起的重复性行为，表现为一系列没有明显目的或功能的异常行为。中枢神经系统在应对应激条件的永久性功能障碍可能意味着，即使以后的环境或其他处理方法（如饲喂水平或日粮成分等）发生了改变，但已形成的刻板行为也无法消除。常见的生猪刻板行为包括假嚼、嚼石头、卷舌、磨牙、咬栏杆和舔地面。

在本章中，"冷漠"是指动物不再对通常会引起反应的刺激做出反应。此外，冷漠行为还被描述为一种不正常或不适应的行为，表现为活动减少、缺乏兴趣或关注（即漠不关心）以及缺乏感觉或情感（即无动于衷）。

在本章中，"争斗行为"是指在冲突情况下表现出来的连续行为，包括进攻、防御和顺从或逃避，具体可包括咬、推等接触行为或摆出威胁的姿势等非接触行为。攻击行为（即打斗）是争斗行为的一部分。

在本章中，"玩耍行为"是以特定的神经内分泌反应及表现快乐为特征的行为。它常常是由新的或不可预测的刺激引起，并与探索有关。它的功能是，通过增加运动的多样性和提高动物应对意外应激情况的能力，为动物应对意外情况做好准备。在玩耍中，动物会主动寻找和创造意想不到的情况，故意放松自己的动作，或把自己置于不利的位置。

第7.13.2条 范围

本章介绍了商品猪生产系统的福利问题，不包括圈养的野猪。

第 7.13.3 条 商品猪生产系统

商品猪生产系统包括 3 种类型。

1 舍内生产系统

将猪饲养在舍内，完全依赖人类来满足动物的基本需要，例如饲料和饮水。猪舍的类型取决于环境、气候条件和管理系统。这些猪可以群养，也可以单独饲养。

2 舍外生产系统

猪生活在有遮阴处的舍外，并可以自由进出遮阴处，但可完全依赖人类提供动物的基本需要，如饲料和饮水。根据猪的生产阶段，通常将猪饲养在围场或牧场。这些猪可群养或单独饲养。

3 混合生产系统

猪饲养在混合了舍内养殖、舍外养殖的任何生产系统中。

第 7.13.4 条 猪福利指标（或可测量指标）

以下基于结果的指标（或可测量指标），特别是基于动物的指标，可成为动物福利的有用指标。这些指标的使用及其适当的阈值应适应猪群管理的不同情况，如地区差异、猪群健康状况、猪的品种或杂交品种以及气候。还应考虑到提供的资源和系统的设计。鉴于这些标准会影响动物福利，可将其视为监测生产系统设计和管理效率的工具。

1 行为

某些行为可视为猪良好动物福利和健康的指标，如玩耍行为和特定的叫声。

其他的某些行为可能表明存在动物福利和健康问题，这些行为包括突然不动，试图逃跑，采食量和饮水量改变，运动行为或姿势改变，躺卧时间、姿势和模式改变，呼吸频率改变和喘气，咳嗽，颤抖和蜷缩，高音调尖叫和呼叫率增加，争斗行为（包括攻击行为）增加，刻板行为，冷漠或其他异常行为。

诱发刻板行为的环境通常也会降低动物福利。虽然刻板行为通常被认为是福利较差的表现，但在一些情况下，刻板行为与应激之间的联系不大。例如，如果刻板行为本身降低了潜在的动机，那么挫折引起的应激可能会得到一定程度的纠正。因此，在一个群体中，表现刻板行为的个体可能比不表现刻板行为的个体更能适应应激。然而，刻板行为要么表明动物目前存在的问题，要么表明过去的问题已经解决。与其他指标一样，将刻板行为作为一个单独的福利指标，应谨慎使用。

2 发病率

感染性疾病、代谢性疾病、跛行、围产期和手术后并发症、损伤和其他疾病的发生率，高于公认的阈值，可直接或间接表明猪群福利存在问题。了解疾病或综合征的病因对发现潜在的动物福利问题非常重要。乳房炎和子宫炎、腿和蹄问题、母猪肩部溃疡、皮肤病变、呼吸道和消化道疾病以及生殖系统疾病也是猪群评分体系中特别重要的动物健康问题，如体况、跛行和损伤。从屠宰场收集的数据，可以提供额外的信息。

临床病理检查和尸体病理检查都应作为疾病、损伤和其他可影响动物福利的问题的指标。

3 死亡率和淘汰率

死亡率和淘汰率影响生产寿命的长短，且与发病率一样，可直接或间接表明猪群福利存在问题。根据生产系统，通过分析死亡和淘汰的原因及发生死亡和淘汰的时空变化，可以估算死亡率和淘汰率。应定期记录死亡率和淘汰率及其已知的原因，例如每天，并用于每月、每年的监测。

尸检对确定死因非常有用。

4 体重和体况变化

生长猪的体重变化超出了预期的生长率，特别是体重突然过度下降，表明动物福利和健康状况不佳。

体况超出可接受的范围或群体中个体动物之间存在巨大差异，可表明动物福利和健康受到损害以及繁殖效率低下。

5 繁殖效率

繁殖效率可作为动物福利和健康状况的一个指标。与某一特定品种或杂交品种的预期目标相比，繁殖效率低可以表明存在动物福利问题。

以下情况可以判断为繁殖效率低：

怀孕率低；

流产率高；

子宫炎和乳房炎；

产仔数少（出生总头数）；

产活仔数少；

死胎或木乃伊胎多。

6 体貌

体貌可作为衡量动物福利和健康的一个指标。可表明福利受损的体貌特征包括：

体况超出可接受范围；

存在体外寄生虫；

皮毛质地异常或脱毛；

过度沾染粪便；

皮肤变色，包括晒伤；

肿胀、受伤或病变；

分泌物（如鼻或眼分泌物，包括泪水沾染）；

腿和蹄异常；

姿势异常（如弓背，低头）；

消瘦或脱水。

7 处理反应

处理不当或缺乏与人接触会导致猪的恐惧和痛苦。对人恐惧可表明动物福利不佳。相关指标包括：

人与动物关系不佳的证据，例如，在动物操作员移动猪或与猪互动时，猪明显回避动物操作员，以及异常或过度尖叫；

在处理过程中猪滑倒或摔倒；

处理过程中受伤，如擦伤、撕裂伤和骨折。

8 跛行

猪易患各种感染性和非感染性肌肉骨骼疾病，这些疾病可导致跛行和步态异常。跛行或步态异常的猪难以获得饲料和饮水，并可能遭受疼痛和痛苦。肌肉骨骼疾病有很多病因，包括遗传、营养、卫生条件、地面质量以及其他环境和管理因素。目前有几个可用的步态评分系统。

9 常规手术并发症

为了便于管理，满足市场或环境要求，改善人类安全或保障动物福利，对猪施行一些痛苦或潜在痛苦的手术，如外科去势、去尾、剪牙或磨牙、修剪獠牙、标识、戴鼻环和修蹄。

然而，如果做这些手术时处理不当，动物福利和健康就会受到不必要的损害。

与这些手术有关的问题可包括：

手术后感染和肿胀；

手术后跛行；

表现出疼痛、恐惧、痛苦或悲伤的行为；

术后发病率增加，以及死亡率和屠宰率增加；

采食量和饮水量减少；

手术后体况和体重下降。

第 7.13.5 条 建议

确保猪的良好福利取决于多个管理因素，包括生产系统设计、环境管理以及动物管理。负责任饲养和提供适当照顾是动物管理的重要组成部分。如果缺乏这些因素中的一个或多个，不管使用何种生产系统，都可能出现严重问题。

第 7.13.6 条至第 7.13.27 条提供了适用于猪生产系统的建议。

第 7.13.6 条至第 7.13.24 条中的每项建议都包括一份从第 7.13.4 条衍生出的基于结果的相关指标（或可测量指标）清单。这并不排除在适当的地方或适当的时候使用其他指标（或可测量指标）。

第 7.13.6 条 人员培训

应安排足够数量的人员负责猪饲养。这些人员应具备必要的能力、知识和本领，维护动物福利和健康。

所有负责养猪的人员应根据其职责，通过正规培训或实践经验，具备所需的能力，包括了解和掌握动物处理、营养、繁殖管理技术、行为、生物安全、疾病征兆以及应激、疼痛和不适等不良动物福利表现以及缓解措施的知识和技能。

基于动物的指标（或可测量标准）：处理反应、体貌、行为、体重变化、体况、繁殖效率、跛行、发病率、死亡率、淘汰率、常规手术并发症。

第 7.13.7 条 处理和检查

对处理和照顾猪持积极态度的动物操作员，可以带来积极的福利结果。这可以通过动物接近人所花费的时间短、逃离区小或愿意与人互动表现出来。

在完全依赖人提供饲料和饮水等基本需要并确定福利和健康问题时，应至少每天检查一次猪。

应更频繁地检查有些猪，例如分娩母猪、新生仔猪、新断奶仔猪、新混群的后备母猪和母猪、患病或受伤的猪以及表现咬尾等异常行为的猪。

对诊断为患病或受伤的猪，应由能胜任的动物操作员尽快给予适当治疗。如果动物操作员无法提供适当的治疗，应寻求兽医的帮助。

关于处理猪的建议也可参见 WOAH《陆生动物卫生法典》第 7.3 章。特别应注意，只有在其他方法失败、动物可以自由移动并能逃离驱赶工具时，才能使用会导致疼痛和痛苦的驱赶工具（如电刺棒）。应避免使用电刺棒（另见第 7.3.8 条第 3 款电刺棒和其他辅助工具），不应在同一动物身上重复使用，也不应在乳房、面部、眼睛、鼻、耳朵或肛门生殖器部位等敏感部位使用。动物操作员应警惕猪的应激症状，知道何时释放处理压力（给猪更多的时间和空间），以降低恐惧程度。

应尽可能避免将猪暴露于突然移动、巨大的噪声或视觉差异变化之下，以防止出现应激或恐惧反应。不得对猪进行不适当的或粗暴的处理（如踢、抛扔、摔、踩以及拽、拉一条前腿、耳朵或尾巴）。在处理过程中，如果猪出现不适，应立即予以照顾。

只在必要时对猪进行保定，全只应使用适当、维护良好的保定装置。

设计和维护良好的处理设施有助于正确处理动物。

基于动物的指标（或可测量标准）：体貌、行为、体重和体况变化、处理反应、繁殖效率、跛行、发病率、死亡率、淘汰率。

第 7.13.8 条 痛苦的手术

可对猪进行外科去势、断尾、剪牙或磨牙、修剪獠牙、标识、戴鼻环等手术。这些手术只应由经过培训的人员在必要时进行，以方便管理，满足市场或环境要求，改善人员安全或保障动物福利。

这些手术是痛苦的或有可能造成痛苦。在进行这些手术时，应尽量减少动物的疼痛、痛苦或悲伤。

为提高与这些手术相关的动物福利，可遵循国际公认的"3R"原则：替代（例如，饲养不去势或免疫去势的公猪代替饲养手术去势的公猪）、减少（例如，只在必要时断尾和剪牙）和优化（例如，在兽医的建议或监督下进行镇痛或麻醉）。

不应在没有麻醉和长时间镇痛的情况下进行卵巢切除术。现已上市一种能可逆且有效抑制猪卵巢功能的免疫产品。应鼓励免疫预防发情，以避免卵巢切除。

基于动物的指标（或可测量标准）：常规手术并发症、发病率、死亡率、淘汰率、异常行为、体貌、体重和体况变化。

第 7.13.9 条 提供饲料和饮水

无论什么生产系统，猪所需的饲料和营养物质的数量都受到气候、日粮的营养成分和质量以及猪的年龄、性别、遗传性状、体型和生理状态

（如怀孕、哺乳、生长）、健康状况、生长率、以前的饲喂水平和活动及运动水平等因素的影响。

所有猪每天都应能获得足够数量和质量的饲料和营养物质，使每头猪都能：

保持良好的健康状况；

满足其生理需要；

满足其觅食和采食行为的需要。

饲料和饮水的提供方式应防止过度或伤害性竞争。

饲喂给猪的饲料应尽量减少胃溃疡的发生（例如，添加日粮纤维或减少粗蛋白质）。

所有猪都应能获得足够可饮用的水供应，以满足其生理需要，且不含危害猪健康的污染物。饮水器水流量应根据猪的年龄、生长阶段和环境条件设定。

在舍外系统中，猪可在一定程度上自由择食，放养密度应与可用的天然饲料供应相匹配。

基于动物的指标（或可测量标准）：体重和体况变化、体貌（消瘦、脱水）、行为（在采食和饮水处的争斗行为、咬尾等异常行为）、死亡率、淘汰率、发病率。

第 7.13.10 条 环境丰富化

应为猪提供一个具有一定复杂性、可操作性和认知刺激的环境，以促进猪表达正常行为（如探索行为，探究、啃咬和咀嚼饲料以外的材料的觅食行为，以及社会互动行为），减少异常行为（如咬尾、咬耳朵、咬腿和腹侧，假嚼、咬栏和冷漠行为），并改善其身体和精神状态。

应为猪提供丰富化设施，通过改善物理和社会环境，提供动物福利，例如：

提供足够数量的合适材料，使猪能探索和寻找饲料（可食用的材料）、咬（可咀嚼的材料）、探究（可调查的材料）和操纵材料的需要。

材料新颖性是保持猪对所提供材料操作兴趣的一个重要方面；

社交丰富化，包括群养或单独饲养的猪与其他猪进行视觉、嗅觉和听觉接触；

积极的人类接触（例如，与积极事件相关的定期直接身体接触，可包括饲喂、拍打、揉搓、抓挠，以及有机会时对猪说话交流）。

基于动物的指标（或可测量标准）：体貌（受伤）、行为（刻板行为、咬尾巴）、体重和体况变化、处理反应、繁殖效率、跛行、死亡率、淘汰率、发病率。

第 7.13.11 条 预防异常行为

在养猪生产中，通过适当的管理程序，可以预防或减少许多异常行为。

许多异常行为都是多种因素引起的，要使其发生最小化，需要检查整个环境和若干管理因素。可以减少其中一些异常行为发生的管理程序包括：

1）提供丰富化环境，增加日粮中的纤维含量或粗饲料以增加采食时间和饱腹感，可以减少口部刻板行为（如咬栏、假嚼、过度饮水）；

2）提供足够的丰富材料和充足的日粮（避免缺乏矿物质或必需氨基酸），避免高密度饲养下的资源竞争（如饲料和饮水），可以减少咬尾行为。其他需要考虑的因素包括动物特征（品种、遗传、性别）、社会环境（猪群规模、动物混群）、总体健康状况、热舒适和空气质量；

3）提高断奶年龄，并在断奶前为仔猪提供饲料以避免饲料的突然变化，可以减少拱腹和咬耳；

4）尽量减少对包括饲料和饮水的资源竞争，减少群养规模，可以降低咬外阴行为。

基于动物的指标（或可测量标准）：体貌（损伤）、行为（异常行为）、发病率、死亡率、淘汰率、繁殖效率、体重和体况变化。

第 7.13.12 条 猪舍（包括舍外生产系统）

当计划新建猪舍或改造现有猪舍时，应征求有关动物福利和健康方面的专业建议。

设计、建造以及使用期间定期检查和维护猪舍及配套设施时，均应考虑降低猪受伤、患病和应激的风险。猪舍内应允许人员对猪进行安全、高效和人性化的管理和移动。在猪可能暴露于恶劣天气条件的生产系统中，应提供庇护处，避免猪发生热应激和晒伤。

应有单独的围栏或区域，可以将患病和受伤的猪或表现出异常行为的猪隔离、治疗和监测。某些猪可能需要单独饲养。当提供隔离区域时，应满足猪的所有需要，例如，躺着或跛腿的猪或有严重创伤的猪可能需要额外的垫料或更换其他地面，饮水和饲料应放在猪可及的范围内。

正常的舍饲系统中，不应给猪拴系。

在一系列舍饲系统中，动物福利和健康都可以取得良好的结果。系统的设计和管理对实现这些结果至关重要。

像其他猪一样，母猪和后备母猪也是社会性动物，喜欢群居，因此怀孕的母猪和后备母猪最好进行群养。但公猪可能需要单栏饲养。

基于动物的指标（或可测量标准）：体貌（损伤）、行为、体重和体况变化、处理反应、繁殖效率、跛行、死亡率、淘汰率、发病率。

第 7.13.13 条 空间占有量

在管理空间占有量时，应考虑躺卧、站立、采食和排泄的不同区域。饲养密度不应对猪的正常行为和躺卧时间产生不利影响。

空间占有量不足和分配不当会增加应激、损伤的发生，并对生长率、饲料转化效率、繁殖和行为（如运动、休息、采食和饮水、争斗和异常行为）产生不良影响。

1 群养

地面空间会与温度、湿度、地面类型和饲喂系统等多种因素相互作用，从而影响猪的福利。所有猪应能同时躺下、站起并自由活动。应提供足够的空间，使猪能获得饲料和饮水，隔开躺卧和排泄区，并避免攻击性动物。

群养系统应提供足够的空间，使猪有机会避免或躲避潜在的攻击性猪。如果发现有异常的攻击性行为，应采取纠正措施，如增加空间占有量，尽可能提供障碍物，或将攻击性猪单独饲养。

基于动物的指标（或可测量标准）：体重（减少）、体况（变化）、争斗和异常行为增加（如咬尾）、损伤发病率、死亡率、淘汰率、体貌（如皮肤上出现过多的粪便、损伤）。

2 单栏饲养

必要时，可采用单栏饲养。单栏也应有足够的空间，使猪能以自然的姿势舒适地站起、转身和躺下，并将排泄、躺卧和采食分成单独区域。

基于动物的指标（或可测量标准）：异常行为（刻板行为）增加、发病率、死亡率、淘汰率、体貌（如皮肤上出现过多的粪便、损伤）。

3 妊娠栏和产仔栏

用于饲喂、授精和妊娠的猪栏和产仔栏的大小应适当，使猪能够：

以自然姿态站立，不会碰到栏位的任何一侧；

以自然姿态站立，不会碰到顶杆；

站立时不会同时碰到栏位的两端；

舒适地侧卧，不会干扰到相邻的猪或被其他猪伤害，仅用于饲喂的栏位除外。

基于动物的指标（或可测量标准）：体貌（如损伤）、异常行为（刻板行为）增加、繁殖效率、跛行、死亡率、淘汰率、发病率（如仔猪）。

第 7.13.14 条 地面、垫料、休息区

在所有的生产系统中，猪都需要排水良好、干燥、舒适的休息场所，使用喷淋或喷雾防止热应激的情况除外。

舍内生产系统的地面管理对猪的福利有显著影响。地面、垫料、休息区和舍外区域都应根据情况进行清洁，确保良好的卫生、舒适度，并将疾病和受伤的风险降到最低。粪便堆积过多的区域不适合猪休息。

地面设计应尽量减少滑倒和跌倒，促进蹄部健康，并减少蹄部受伤

的风险。

如果猪舍内有漏缝地面，漏缝地面的板条和缝隙宽度应与猪蹄大小相适应，以防受伤。

地面坡度应能将水排出，避免积水。

在舍外系统中，应将猪在不同围场或牧场间轮换饲养，以确保良好的卫生状况，并将疾病风险降至最低。

如果提供垫料或橡胶垫，应给予维护，为猪提供干净、干燥和舒适的躺卧区域。

基于动物的指标（或可测量标准）：体貌（如损伤、皮肤上沾有粪便、黏液囊炎）、跛行、发病率（如呼吸系统疾病、生殖道感染）。

第 7.13.15 条 空气质量

良好的空气质量和通风对猪的福利和健康非常重要，可以减少呼吸道不适、疾病和异常行为发生的风险。灰尘、毒素、微生物和有害气体，包括动物粪便分解产生的氨气、硫化氢和甲烷，在舍内系统中都可成为问题。

在舍饲系统中，空气质量也受管理实践和建筑设计的影响。空气成分受饲养密度、猪的大小、地面、垫料、废弃物管理、建筑设计和通风系统的影响。

适当、没有穿堂风的通风能有助于猪（特别是年轻的猪）有效散热，防止排放气体（如氨气和硫化氢，包括来自粪便和灰尘的气体）在猪舍中的积聚。封闭式猪舍中的氨气浓度不应超过 25 毫克/升。一个有用的指标是，如果猪舍的空气质量对人不适，那么很可能对猪也会不适。

基于动物的指标（或可测量标准）：发病率、死亡率、淘汰率、体貌（鼻或眼分泌物）、行为（尤其是呼吸率、咳嗽和咬尾）、体重和体况变化。

第 7.13.16 条 热环境

虽然猪能适应一定范围的热环境，特别是按照预期的条件选用适当的品种和猪舍，但环境温度的突然波动会导致猪产生热应激或冷应激。

1 热应激

热应激是养猪生产中的一个严重问题，可引起猪明显不适、增重和繁殖性能下降或突然死亡。

猪的热应激风险受到气温、太阳辐射、相对湿度、风速、通风率、饲养密度、舍外系统的阴凉处等环境因素的影响，也受到品种、年龄和体况等动物因素的影响。

在一定温度下，猪体重越大，越容易受到热应激的影响。

动物操作员应注意热应激对猪造成的影响，并了解可能需要采取行动的温度和湿度相关的值。如果猪的热应激风险达到过高水平，动物操作员应制订应急计划，在室外生产系统中，优先考虑提供额外的饮水，包括提供遮阴处和泥坑、放置风扇、降低饲养密度、安装水基降温系统（滴水或喷雾），以及根据当地情况酌情提供降温系统。

基于动物的指标（或可测量标准）：行为（采食量和饮水量、呼吸率、喘气、躺卧姿势和模式、争斗行为）、体貌（皮肤上沾有粪便、灼伤）、发病率、死亡率、淘汰率、繁殖效率。

2 冷应激

当天气条件可能损害猪的福利时，特别是对新产仔猪、幼年猪以及生理上受损的猪（如患病猪），应提供防寒保护。在舍外系统中，提供的保护措施可包括保温隔热、额外的垫料、加热垫或灯以及天然或人工遮阴处。

基于动物的指标（或可测量标准）：发病率、死亡率、淘汰率、体貌（被毛直立）、行为（尤其是异常姿势、发抖和蜷缩）、体重和体况变化。

第 7.13.17 条 噪声

应避免将猪暴露于突然或长时间的巨大噪声中，以防止增加攻击、应激和恐惧。应合理建造、放置、操作和维护通风扇、饲喂器或其他舍内或舍外设备，使之产生尽可能少的噪声。

基于动物的指标（或可测量标准）：行为（如逃避、异常或过度喊叫）、体貌（如损伤）、繁殖效率、体重和体况变化。

第 7.13.18 条 照明

在舍内系统中，照明应足以让所有猪看到其同伴，目测周围环境，表现出其他正常的行为模式，并让工作人员看清猪，以便对猪进行充分检查。照明制度应能防止出现健康和行为问题，并应遵循 24 小时的光周期，包括足够的不间断的黑暗和光照时间，黑暗和光照时间最好都不少于 6 小时。

应合理安装人工光源的位置，避免引起猪的不适。

基于动物的指标（或可测量标准）：行为（运动行为）、发病率、繁殖效率、体貌（损伤）、体重和体况变化。

第 7.13.19 条 分娩和哺乳

母猪和后备母猪在产前需要一段时间来适应产房环境。在可能的情况下，应至少在分娩前一天给母猪和后备母猪提供筑巢材料。临近预产期，应频繁地观察母猪或后备母猪。因为一些母猪和后备母猪在分娩期间需要助产，因此产仔区应有足够的空间，并应配备称职的工作人员。

在产仔区，还应为仔猪提供舒适、温暖的环境和保护。

基于动物的指标（或可测量标准）：死亡率、淘汰率（仔猪、后备母猪和母猪）、发病率（子宫炎、乳房炎）、行为（焦躁不安、乱咬）、繁殖效率、体貌（损伤）。

第 7.13.20 条 断奶

对于母猪和仔猪，断奶都是一段应激时期，需要良好的管理。与断奶有关的问题通常与仔猪大小和生理成熟度有关。断奶仔猪应转入清洁和消毒的猪舍，与母猪分开饲养，以尽量减少将疾病传播给仔猪。

仔猪应在 3 周龄或 3 周龄后断奶，除非兽医出于疾病控制的目的另有建议。早期断奶需要对仔猪实行良好的管理和营养措施。

将断奶时间推迟至 4 周龄或 4 周龄以上对仔猪有益，如提高肠道免疫力、减少腹泻和抗菌剂的使用等。

无论日龄大小，体重较轻的仔猪需要额外的照顾，在它们被转移到普通保育舍之前，将它们以小群饲养在专用围栏中，可以使它们受益。

刚断奶的猪很容易受到疾病的影响，因此执行高水平的卫生规范并提供适当日粮非常重要。饲养断奶仔猪的区域应干净、干燥和温暖。

在断奶后前两周内，应仔细监测所有刚断奶的猪，以发现健康不良或异常应激迹象。

基于动物的指标（或可测量标准）：死亡率、淘汰率（仔猪）、发病率（呼吸道疾病、腹泻）、行为（拱腹和吮吸耳朵）、体貌（损伤）、体重和体况变化。

第 7.13.21 条 混群

不熟悉的猪混在一起会导致为建立优势等级而发生争斗，因此应尽量减少混群。混群时，应实施减少攻击行为的措施。混群后，应观察猪群，如果攻击行为发生激烈或持续时间长，应采取干预措施，以尽量减少应激和伤害。

防止过度争斗和减少伤害的措施包括：

提供额外的空间和防滑地面；

混群前饲喂饲料；

在混群区的地面上饲喂饲料；

在混群区提供稻草或其他合适的丰富化材料；

提供逃跑和躲避其他猪的机会，如视觉障碍；

尽可能将以前熟悉的猪混群；

尽快将断奶后的仔猪混群；

避免将一头或少量几头猪混入已形成的大群中。

基于动物的指标（或可测量标准）：发病率、死亡率、淘汰率、行为（如争斗）、体貌（如损伤）、体重和体况变化、繁殖效率。

第 7.13.22 条 遗传选择

在为特定地点或生产系统选择品种或杂交品种时，考虑生产性能和生长率的同时，还应考虑动物福利和健康问题。

选择性育种可以改善猪的福利，例如通过选择性育种改善母性行为、仔猪存活率、性情、对应激和疾病的抵抗力、减少咬尾和攻击行为。将与社会行为有关的遗传性状纳入育种计划，也可以减少消极的社会互动，增加积极的社会互动，并可对群养动物产生重大的积极影响。

基于动物的指标（或可测量标准）：外貌、行为（如母性行为、争斗行为）、体重和体况变化、处理反应、繁殖效率、跛行、死亡率、淘汰率、发病率。

第 7.13.23 条 免受天敌和害虫的侵害

在舍外和混合生产系统中，应保护猪免受天敌的侵害。

在可行的情况下，还应保护猪免受害虫的侵害，如过多的苍蝇和蚊子。

基于动物的指标（或可测量标准）：发病率、死亡率、淘汰率、行为和体貌（如损伤）。

第 7.13.24 条 生物安全和动物健康（生物安全和疾病预防）

应根据尽可能最好的畜禽群健康状况、可用的资源、基础设施以及当前的疾病风险，设计、实施和维护生物安全计划。如涉及 WOAH 所列疫病，应按照《陆生动物卫生法典》中的相关建议执行。

生物安全计划应着重控制病原体的主要来源和传播途径：

引入的猪，特别是不同来源的猪；

精液；

其他家畜、野生动物和害虫；

人，包括其卫生习惯；

设备，包括车辆、工具和设施；

空气、饮水、饲料和垫料；

废弃物，包括粪便、垃圾和死亡动物的处理。

基于动物的指标（或可测量标准）：发病率、死亡率、淘汰率、繁殖效率、体重和体况变化、体貌（疾病的迹象）。

1 动物健康管理

动物健康管理旨在优化猪群的健康及福利，包括预防、治疗和控制疾病和影响猪群的健康状况（特别是呼吸系统疾病、生殖系统疾病和肠道疾病）。

应与兽医协商，制订有效的疾病、猪群健康状况预防和治疗方案，其中包括生物安全和检疫规程、后备猪的适应性、疫苗接种、初乳管理、生产数据（例如母猪数量、每头母猪每年产仔数、饲料转化效率和断奶体重）记录、发病率、死亡率和淘汰率以及治疗方法。应由动物操作员负责及时更新。定期监测生产记录有助于生产管理，并迅速发现问题，及时干预。

对于寄生虫（如内寄生虫、外寄生虫和原生动物）以及昆虫和啮齿动物，应酌情实施监测、控制和治疗方案。

跛行是猪养殖中一个重要问题。动物操作员应监测猪蹄部和腿部状态，并采取防止跛行的措施，保持蹄部和腿部健康。

负责照料猪的人应注意猪的疾病、疼痛、痛苦或悲伤的早期特定迹象，如咳嗽、流产、腹泻、运动行为的变化或冷漠行为，以及非特定迹象，如采食量和饮水量减少、体重和体况变化、行为变化或体貌异常。

疾病风险较高的猪需要动物操作员进行更频繁的检查。如果动物操作员怀疑存在疾病或无法确定疾病、疼痛、痛苦或悲伤的原因，他们应酌情咨询接受过培训或有经验的人，如兽医或其他有资质的顾问。

除非出于治疗、恢复或诊断的绝对需要，否则不应运输或移动无法走动的猪。必须移动时应谨慎小心，使用的移动方法应避免拖拽或提升动物，从而导致进一步疼痛、痛苦或加重伤害。

动物操作员还应有能力按照WOAH《陆生动物卫生法典》第7.3章的建议评估动物的适运性。

患病或受伤的猪，如治疗失败、无法治疗、不可能恢复（例如，猪不能独自站立、拒绝采食或饮水）或无法缓解的严重疼痛，应尽快按照WOAH《陆生动物卫生法典》第7.6章的规定，尽快施行人道扑杀。

基于动物的指标（或可测量标准）：发病率、死亡率、淘汰率、繁殖效率、行为（如冷漠行为）、跛行、体貌（如损伤）、体重和体况变化。

2 突发疾病的应急计划

应急计划应包括在疾病暴发时对农场的管理，应与国家计划和兽医服务部门的建议相一致。

第 7.13.25 条 应急计划

电力、水和饲料供应系统的故障会危及动物福利。生产者应制订应急计划。这些计划可包括提供检测故障的故障安全警报系统、备用发电机、关键服务供应商联系信息、农场储存水的能力、水车服务联系信息、农场充足的储存饲料和替代的饲料供应。

紧急情况的预防措施应以投入为主，而不是以产生的结果为主。应定期检查警报器和备用系统。

应将应急计划记录在案，并传达给所有责任方。

第 7.13.26 条 灾害管理

应制订计划，最大限度地减少和减轻灾害（如地震、火灾、洪水、暴风雪、飓风）带来的影响。这些计划可包括疏散程序、确定高处地段、维持应急饲料和饮水的储存，必要时减少存栏和实行人道扑杀。

人道扑杀患病或受伤的猪的程序应是灾害管理计划的一部分，并应按照WOAH《陆生动物卫生法典》第7.6章的建议执行。

应急计划也可参见第 7.13.25 条。

第 7.13.27 条 人道扑杀

不应对患病或受伤的动物不闻不问，而应及时诊断，以确定治疗还是人道扑杀。

应由能胜任的人作出人道扑杀动物的决定，并予以执行。

关于人道扑杀猪的可接受方法介绍，参见 WOAH《陆生动物卫生法典》第 7.6 章。

养殖场应具有成文的在场扑杀程序和必要的设备。工作人员应接受适合每类猪的人道扑杀程序的培训。

人道扑杀的原因可包括：

严重消瘦，虚弱，无法走动或有可能无法走动；

严重受伤或无法走动，不能站立，拒绝采食或饮水，或治疗无效；

治疗失败，病情急剧恶化；

严重疼痛，无法缓解；

多关节感染，慢性体重下降；

仔猪早产且不太可能存活，或有严重的先天缺陷；

作为灾害管理计划的一部分。